孟加拉国

资源环境承载力评价与适应策略

甄 霖 胡云锋 严家宝 等 著

科学出版社

北 京

内 容 简 介

本书以资源环境承载力评价为核心，建立一整套由分类到综合的资源环境承载力评价技术方法体系，由公里格网到地区、国家，定量揭示孟加拉国的资源环境承载能力及其地域特征，为促进孟加拉国人口与资源环境协调发展提供科学依据和决策支持，为"一带一路"倡议实施和绿色丝绸之路建设做出贡献。

本书可供从事人口、资源、环境与发展研究和世界地理研究的科研人员和研究生参考，也可供相关政府部门的管理人员查阅。

审图号：GS 京（2023）0329 号

图书在版编目（CIP）数据

孟加拉国资源环境承载力评价与适应策略 / 甄霖等著. —北京：科学出版社，2024.6

ISBN 978-7-03-075919-1

Ⅰ. ①孟⋯ Ⅱ. ①甄⋯ Ⅲ. ①自然资源-环境承载力-研究-孟加拉国 Ⅳ. ①X373.54

中国国家版本馆 CIP 数据核字（2023）第 119467 号

责任编辑：谢婉蓉　杨帅英/责任校对：郝甜甜
责任印制：徐晓晨/封面设计：蓝正设计

科 学 出 版 社 出版
北京东黄城根北街 16 号
邮政编码：100717
http://www.sciencep.com
北京建宏印刷有限公司印刷
科学出版社发行　各地新华书店经销
*
2024 年 6 月第　一　版　开本：787×1092　1/16
2024 年 6 月第　一　次印刷　印张：13 1/4
字数：315 000

定价：158.00 元
（如有印装质量问题，我社负责调换）

"绿色丝绸之路资源环境承载力国别评价与适应策略"

编辑委员会

总　序

"绿色丝绸之路资源环境承载力国别评价与适应策略"是中国科学院 A 类战略性先导科技专项"泛第三极环境变化与绿色丝绸之路建设"之项目"绿色丝绸之路建设的科学评估与决策支持方案"的第二研究课题（课题编号 XDA20010200）。该课题旨在面向绿色丝绸之路建设的重大国家战略需求，科学认识共建"一带一路"国家资源环境承载力承载阈值与超载风险，定量揭示共建绿色丝绸之路国家水资源承载力、土地资源承载力和生态承载力及其国别差异，研究提出重要地区和重点国家的资源环境承载力适应策略与技术路径，为国家更好地落实"一带一路"倡议提供科学依据和决策支持。

"绿色丝绸之路资源环境承载力国别评价与适应策略"研究课题面向共建绿色丝绸之路国家需求，以资源环境承载力基础调查与数据集为基础，由人居环境自然适宜性评价与适宜性分区，到资源环境承载力分类评价与限制性分类，再到社会经济发展适宜性评价与适应性分等，最后集成到资源环境承载力综合评价与警示性分级，由系统集成到国别应用，递次完成共建绿色丝绸之路国家资源环境承载力国别评价与对比研究，以期为绿色丝绸之路建设提供科技支撑与决策支持。课题主要包括以下研究内容。

（1）子课题 1，水土资源承载力国别评价与适应策略。科学认识水土资源承载阈值与超载风险，定量揭示共建绿色丝绸之路国家水土资源承载力及其国别差异，研究提出重要地区和重点国家的水土资源承载力适应策略与增强路径。

（2）子课题 2，生态承载力国别评价与适应策略。科学认识生态承载阈值与超载风险，定量揭示共建绿色丝绸之路国家生态承载力及其国别差异，研究提出重要地区和重点国家的生态承载力谐适策略与提升路径。

（3）子课题 3，资源环境承载力综合评价与系统集成。科学认识资源环境承载力综合水平与超载风险，完成共建绿色丝绸之路国家资源环境承载力综合评价与国别报告；建立资源环境承载力评价系统集成平台，实现资源环境承载力评价的流程化和标准化。

课题主要创新点体现在以下 3 个方面。

（1）发展资源环境承载力评价的理论与方法：突破资源环境承载力从分类到综合的阈值界定与参数率定技术，科学认识共建绿色丝绸之路国家的资源环境承载力阈值及其超载风险，发展资源环境承载力分类评价与综合评价的技术方法。

（2）揭示资源环境承载力国别差异与适应策略：系统评价共建绿色丝绸之路国家资源环境承载力的适宜性和限制性，完成绿色丝绸之路资源环境承载力综合评价与国别报告，提出资源环境承载力重要廊道和重点国家资源环境承载力适应策略与政策建议。

（3）研发资源环境承载力综合评价与集成平台：突破资源环境承载力评价的数字化、空间化和可视化等关键技术，研发资源环境承载力分类评价与综合评价系统以及国别报告编制与更新系统，建立资源环境承载力综合评价与系统集成平台，实现资源环境承载力评价的规范化、数字化和系统化。

"绿色丝绸之路资源环境承载力国别评价与适应策略"课题研究成果集中反映在"绿色丝绸之路资源环境承载力国别评价与适应策略"系列专著中。专著主要包括《绿色丝绸之路：人居环境适宜性评价》《绿色丝绸之路：水资源承载力评价》《绿色丝绸之路：生态承载力评价》《绿色丝绸之路：土地资源承载力评价》《绿色丝绸之路：资源环境承载力综合评价与系统集成》等理论方法和《老挝资源环境承载力评价与适应策略》《孟加拉国资源环境承载力评价与适应策略》《尼泊尔资源环境承载力评价与适应策略》《哈萨克斯坦资源环境承载力评价与适应策略》《乌兹别克斯坦资源环境承载力评价与适应策略》《越南资源环境承载力评价与适应策略》等国别报告。基于课题研究成果，专著从资源环境承载力分类评价到综合评价，从水土资源到生态环境，从资源环境承载力评价理论到技术方法，从技术集成到系统研发，比较全面地阐释了资源环境承载力评价的理论与方法论，定量揭示了共建绿色丝绸之路国家的资源环境承载力及其国别差异。

希望"绿色丝绸之路资源环境承载力国别评价与适应策略"系列专著的出版能够对资源环境承载力研究的理论与方法论有所裨益，能够为国家和地区推动绿色丝绸之路建设提供科学依据和决策支持。

封志明

中国科学院地理科学与资源研究所

2020 年 10 月 31 日

前　　言

《孟加拉国资源环境承载力评价与适应策略》（*Evaluation and Suitable Strategy of Carrying Capacity of Resource and Environment in Bangladesh*）是中国科学院"泛第三极环境变化与绿色丝绸之路建设"专项课题"绿色丝绸之路资源环境承载力国别评价与适应策略"（XDA20010200）的主要研究成果和国别报告之一。

本书从孟加拉国区域概况和人口分布着手，从人居环境适宜性评价与适宜性分区，到社会经济发展适应性评价与适应性分等；从资源环境承载力分类评价与限制性分类，再到资源环境承载力综合评价与警示性分级，建立了一整套由分类到综合的"适宜性分区—限制性分类—适应性分等—警示性分级"资源环境承载力评价技术方法体系，由公里格网到国家和地区，定量揭示孟加拉国的资源环境适宜性与限制性及其地域特征，试图为促进其人口与资源环境协调发展提供科学依据和决策支持。

全书共 9 章。第 1 章"资源环境基础"，简要说明孟加拉国国家概况以及地质、地貌、气候、土壤等自然地理特征。第 2 章"人口与社会经济背景"，主要从孟加拉国人口发展出发讨论了人口数量、人口素质、人口结构与人口分布等问题，并从人类发展水平、交通通达水平、城市化水平和社会经济发展综合水平，完成了孟加拉国从专区到全国的社会经济发展适应性分等评价。第 3 章"人居环境适宜性评价与适宜性分区"，从地形起伏度、温湿指数、水文指数、地被指数分类评价，到人居环境指数综合评价，完成了孟加拉国人居环境适宜性评价与适宜性分区。第 4 章"土地资源承载力评价与增强策略"，从食物生产到食物消费，从土地资源承载力到承载状态评价，提出了孟加拉国土地资源承载力存在的问题与增强策略。第 5 章"水资源承载力评价与区域谐适策略"，从水资源供给到水资源消耗，从水资源承载力到承载状态评价，提出了孟加拉国水资源承载力存在的问题与谐适策略。第 6 章"生态承载力评价与区域谐适策略"，从生态系统供给到生态消耗，从生态承载力到承载状态评价，提出了孟加拉国生态承载力存在的问题与谐适策略。第 7 章"资源环境承载力综合评价"，从人居环境适宜性评价与适宜性分区，到资源环境承载力分类评价与限制性分类，再到社会经济发展适应性评价与适应性分等，最后完成孟加拉国资源环境承载力综合评价，定量揭示了孟加拉国不同地区的资源环境超载风险与区域差异。第 8 章"未来态势、政策变化及其影响"分析了未来内外环境变化及其对资源环境承载力的可能影响，并基于这些影响提出了一些建议对策。第 9 章"孟加拉国资源环境承载力评价技术规范"，遵循"适宜性分区—限制性分类—适应性分等—警示性分级"的总体技术路线，从分类到综合提供了一整套孟加拉国资源环境承载力评价的技术体系方法。

本书由课题负责人封志明拟定大纲、组织编写，全书统稿、审定由甄霖、胡云锋、严家宝和封志明负责完成。各章执笔人如下：第 1 章，姜鲁光、吴思；第 2 章，游珍、尹旭、陈依捷；第 3 章，李鹏、祁月基、蒋宁桑、李文君；第 4 章，杨艳昭、张超、刘莹；第 5 章，贾绍凤、吕爱锋、严家宝；第 6 章，甄霖、闫慧敏、胡云锋、黄麟、贾蒙蒙；第 7 章，封志明、叶俊志、游珍；第 8 章，熊琛然、王礼茂；第 9 章，李鹏、游珍、严家宝、闫慧敏、杨艳昭。读者有任何问题、意见和建议都可以反馈到 fengzm@igsnrr.ac.cn 或 zhenl@igsnrr.ac.cn，我们会认真考虑、及时修正。

本书的编写和出版得到了课题承担单位中国科学院地理科学与资源研究所的全额资助和大力支持，在此表示衷心感谢。我们要特别感谢课题组的诸位同仁，没有大家的支持和帮助，我们就不可能出色地完成任务。

最后，希望本书的出版，能够为"一带一路"倡议实施和绿色丝绸之路建设做出贡献，能够为引导孟加拉国的人口合理分布、促进孟加拉国的人口合理布局提供有益的决策支持和积极的政策参考。

作 者

2023 年 9 月 10 日

摘　　要

　　孟加拉人民共和国，简称孟加拉国，是共建"一带一路"重要节点国家，对其自然地理背景，经济社会发展状况，人居环境适宜性，以水、土地、生态为核心要素的资源环境承载力等关键指标内容，开展有关空间格局和动态变化的监测和分析，总结得到孟加拉国资源环境承载力的"底线"和上限，明确孟加拉国资源环境承载状态的适宜性分区、限制性分类和警示性分级，最终促进孟加拉国经济社会的可持续发展，提升绿色丝绸之路建设的水平，具有重要的科学价值和地缘政治意义。

　　孟加拉国位于南亚次大陆、恒河三角洲上，是一个地势平坦、河网发育、有超长海岸线的临海国家。孟加拉国人口密度较高。至 2018 年，孟加拉国人口已达 1.61 亿人，是世界第八人口大国、南亚第三人口大国，丰富而又廉价的劳动力使其成为国际劳务输出国之一。孟加拉国社会经济发展水平在共建"一带一路"国家中处于中低水平，内部存在严重的两极化趋势。对接中国"一带一路"倡议，扩大农产品出口，引入相关转移产业，扩大向信仰伊斯兰教国家的劳务输出，是提升孟加拉经济社会发展水平的重要途径。

　　人居环境适宜性评价是开展区域资源环境承载力的基础评价，旨在摸清区域资源环境的承载"底线"。就地形适宜性、气候适宜性、水文适宜性与地被适宜性而言，孟加拉国以适宜地区为主。孟加拉国人居环境适宜地区、临界适宜地区与不适宜地区的面积占全部国土面积的比例分别为 96.86%、2.77% 与 0.37%。人居环境适宜地区在孟加拉国占据绝对优势地位，这一地区同时也是孟加拉国人口集中分布地区。

　　土地资源承载力评价是明晰资源环境"底线"、厘定资源环境承载上限、确定区域发展路线的重要依据。通过分析土地资源利用与农产品生产特征、食物消费水平与结构供需两个侧面的特征，基于人粮平衡和当量平衡原理，分析孟加拉国土地资源承载力及其承载状态。研究表明：1995～2017 年，孟加拉国耕地资源承载力增至 16955 万人，地均耕地资源承载力达到 1148 人/km^2，人粮关系转为平衡有余；基于热量、蛋白质和脂肪平衡的土地资源承载力分别增至 15597.22 万人、16975.43 万人和 6825.76 万人，承载状态分别转为平衡有余、平衡有余、超载状态，脂肪供给不足。

　　水资源承载力主要涉及水资源战略配置，跨境流域水安全，区域水资源承载能力监测、预警与调控等。研究表明：孟加拉国虽然降水丰富，但水资源空间分布不均衡、季节差异明显，水资源可利用率不高，存在水资源短缺的风险。2015 年，孟加拉国水资源可承载人口约为 2.4 亿人，孟加拉国实际人口为 1.6 亿（2015 年）；水资源承载力是现状人口的 1.5 倍，水资源承载指数为 0.66。东部的吉大港水资源承载力最高，中西部的拉杰沙希水资源承载力最弱。2015 年，孟加拉国水资源承载状态为盈余，但中部地区如达卡和拉杰沙希等地已经出现超载。

生态承载力和承载状态研究是围绕生态红线、生态供需平衡的研究，是打造绿色丝绸之路的重中之重。研究表明：孟加拉国生态供给水平较高，单位面积陆地生态系统生态供给水平平均约为 720.75 g C/m²，是丝路共建国家和地区平均水平的 1.86 倍。孟加拉国农田生态消耗在生态消耗中占主导地位，生态承载力上限量与适宜量分别为 2.26 亿人和 1.14 亿人。基于生态承载力上限量（维持生态平衡）估计，2009~2013 年，孟加拉国生态承载状态处于盈余状态。

在孟加拉国人居环境自然适宜性、水资源承载力、土地资源承载力与生态承载力分类评价和社会经济发展适宜性评价研究的基础上，综合考虑人口、资源、环境和社会经济发展的互动关系，构建了具有平衡态意义的资源环境承载力综合评价的三维空间四面体模型方法。研究表明：2015 年，孟加拉国资源环境承载力总量尚可，维持在 1.49 亿人水平，近 1/2 集中在吉大港和达卡地区；全国资源环境承载状态以平衡为主要特征，综合承载指数介于 0.62~1.43，均值在 1.23 水平；西部和北部普遍优于东部和南部地区，人口与资源环境社会经济关系有待协调。

孟加拉国社会经济发展同时受到国际政治经济大格局和南亚次大陆地缘政治制约，同时面临全球气候变化、人口剧烈增长、经济增长动能不足、自然灾害频发等影响，孟加拉国的可持续发展面临严峻挑战。未来，孟加拉国需要进一步加强土地资源集约化利用、优化水资源管理、推进生态环境保护、加强能源保障、改善基础设施、整体推进区域均衡发展、优化城乡空间布局，以此提高国家和地区的资源环境承载能力，遏制和改善少数地区资源环境承载状态劣化的趋势。

目　　录

第1章 资源环境基础

孟加拉人民共和国，简称孟加拉国，位于南亚次大陆、恒河三角洲上，是一个地势平坦、河网发育、有超长海岸线的临海国家。其境内气温和降水变化受地形和季风影响，属于典型的热带季风气候。当前，孟加拉国包括 8 个专区、64 个县。全国以孟加拉族为主，占总人口的 98%，另有 20 多个少数民族。孟加拉国以孟加拉语为国语，以英语为官方语言。

1.1 行政区划构成及演变

孟加拉国成立于 1972 年，谢赫·穆吉布·拉赫曼为首任国家总统。孟加拉国成立以来，人民联盟和民族主义党是其主要的执政力量。成立初期，孟加拉国包括 18 个县，划分为库尔纳、达卡、吉大港和拉杰沙希 4 个行政区。1983 年，达卡（Dacca）更名为达卡（Dhākā）；1993 年，从库尔纳专区分出 6 个县设立博里萨尔专区；1998 年，从吉大港专区分出 4 个县设立锡莱特专区；2010 年，从拉杰沙希专区分出 8 个县设立朗普尔专区；2015 年，从达卡专区分出 4 个县设立迈门辛专区。至此，形成全国 8 大专区的整体格局。

当前，孟加拉国共包括达卡、吉大港、库尔纳、拉杰沙希、博里萨尔、锡莱特、朗普尔和迈门辛 8 个行政区，下设 64 个县，4490 个乡，约 6 万个村。由于本书涉及不同专业数据的整合，多获取于 2015 年迈门辛专区成立之前，因此本书数据统计时将迈门辛专区并入达卡专区，采用 7 大专区的划分方式（图 1-1）。

首都达卡坐落在恒河三角洲布里甘加河北岸，是全国政治、经济、文化中心，人口 1600 多万，是孟加拉国第一大城市。2011 年 11 月 29 日，孟加拉国议会通过议案，将达卡市分为南达卡市和北达卡市，11 月 30 日，总统签署该议案，使之正式生效。如今，达卡已成为孟加拉国的经济增长引擎，贡献了国内生产总值（GDP）的 1/5，创造了全国近一半的正式就业机会。

吉大港（Chittagong）位于孟加拉湾东北岸，是孟加拉国最大港口城市和全国第二大城市，人口超过 760 万人。早在公元 2 世纪，古希腊地理学家托勒密绘制的世界地图中就把吉大港标注为东方最重要的港口城市之一。中国唐代著名高僧玄奘在《大唐西域记》中更是把吉大港地区描绘为"在水与薄雾中依稀可见的睡美人"。到 14 世纪前叶，吉大港不仅是从阿拉伯海至孟加拉湾的门户港口，也是整个南亚次大陆最富庶的城市之一（伊宁和渠晋湘，2020）。中国的昆明市为吉大港友好城市之一①。

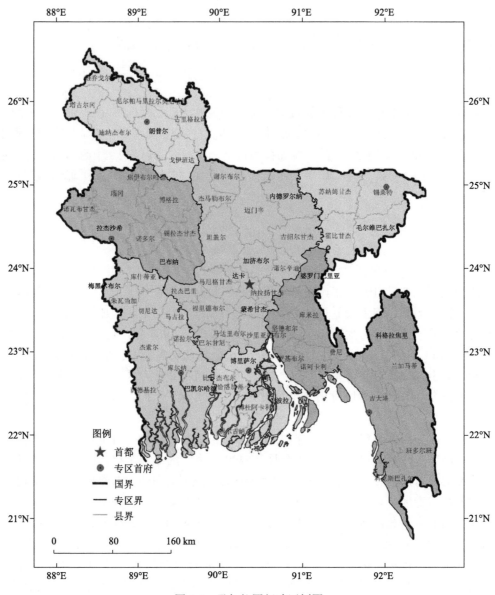

图 1-1　孟加拉国行政区划图

1.2　地质与地理

孟加拉国国土面积约 14.76 万 km²，约 80% 的陆地由冲积平原组成，东南部和北部

---

① https://baike.baidu.com/item/%E5%AD%9F%E5%8A%A0%E6%8B%89%E5%9B%BD/205224?fr=aladdin。

为丘陵地带。大部分陆地海拔不足 10 m，3/4 以上的国土被近代冲积物所覆盖。地层出露面积较小，地质勘查难度大，现主要开采油气等能源矿产和非金属矿产（雷鸣，2012）。

本节河流和城市数据来源于 Natural Earth（http://www.naturalearthdata.com/），数字高程数据为由美国国家航空航天局（National Aeronautics and Space Administration，NASA）和日本经济产业省（Ministry of Economy，Trade and Industry，METI）联合研制的 ASTER GDEM 30 m 分辨率高程数据（http://www.gscloud.cn/），卫星影像数据来源于 Bigemap 网站（http://www.bigemap.com/）。

1.2.1　区域地质特征

1. 地层

孟加拉国前第四系出露面积不足 1/4，主要集中于东部和北部边境地区。地层除零星分布于古新统和始新统外，其余均为新近系，至今没有发现岩浆岩。区域地球物理调查和油气深部钻探表明，在中东部近代冲积层之下隐藏着前寒武纪至中生代地层，该地层在古生代以前与印度同属于冈瓦纳古陆，但目前尚缺乏地层学和地质年代学的直接证据来证明其存在。

太古界和古生界主要为西部博格拉和杰马勒布尔等地的前寒武系和西北部的下冈瓦纳系。前寒武系岩性以花岗岩、片麻岩和闪长岩为主，整体地层厚度不详；下冈瓦纳系主要为砂岩、页岩及煤层等，厚度为 500～1200 m。

中生界主要为分布在中东部和喜马拉雅山南坡的上冈瓦纳系（侏罗系—白垩系）。侏罗系至下白垩统各处岩性多为玄武岩、安山岩、砂岩和粉砂岩，厚度约为 30 m；而上白垩统各处岩性与厚度变化较大。中东部地区岩石组合为钙质页岩、泥质灰岩和砂岩夹页岩，厚约 164 m；喜马拉雅山南坡主要为巨砾和砂砾岩，厚约 230 m。

新生界层序较全，厚达 6000 m 以上，主要集中于东部和北部边境地区。东部地区新生界呈近 SN 向，北部边境一带呈 EW 向分布。古新世和始新世地层主要分布于锡莱特东部和周围地区以及中、西部，主要为砂岩和泥岩，厚度为 20～430 m。新近系主要分布于吉大港—锡莱特以东地区，岩石组合以砂岩、粉砂岩、黏土和页岩等为主，大部分地区地层厚度达 1000 m 以上（吴良士，2010a）。

2. 地质构造

1）构造单元

根据地表与深部地质以及地球物理资料，孟加拉国全境可划分为 5 个构造单元（图 1-2）。

（1）东部褶皱区：位于吉大港—锡莱特以东、印度—缅甸造山带的西部。南北向延伸近 1000 km，东西向北宽南窄（约 350～100 km）。北部主要发生褶皱变形，南部兼有褶皱变形和明显的走滑变形。褶皱带与印度—缅甸山脉近于平行，呈向西凸出的弧形，由成排成带的线状背斜构成，其主体部分位于陆上和陆架浅水区，也有部分延伸到陆坡深水区（水深≥500 m）（唐鹏程等，2017）。

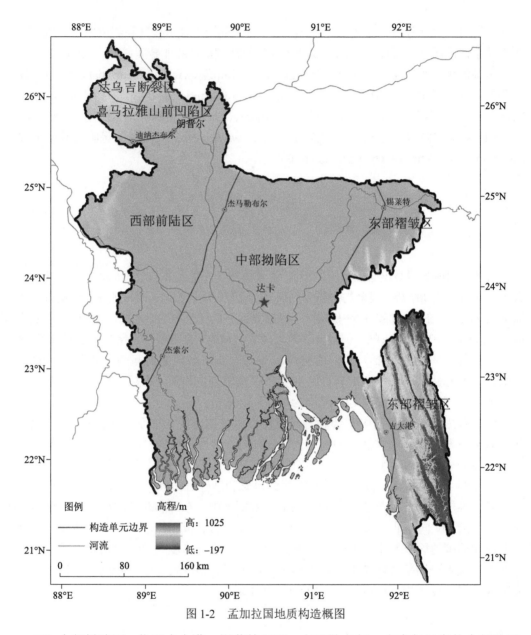

图 1-2　孟加拉国地质构造概图

（2）中部拗陷区：位于吉大港—锡莱特以西、杰马勒布尔—杰索尔以东的中部地区。该区地表全被第四系覆盖，其新生界最大厚度可达万米。其大致呈 NE 向展布，构成一个深海槽（孟加拉前渊，Bengal Foredeep）。据物探资料，其可细分为 3 个凹陷，北部为苏尔马（Surma）凹陷，东南为 Hariya 凹陷，西南为 Faridpur 凹陷，三者之中以苏尔马凹陷规模较大，是新近系发育较全的地区。

（3）西部前陆区：位于杰马勒布尔—杰索尔以北、朗普尔—迪纳杰布尔以南的西北部地区。该区被第四系广泛覆盖。据钻探资料，其新生界厚度变化甚大，而前寒武系与冈瓦纳系发育较全，但其埋深变化很大。据物探资料，前寒武系在杰马勒布尔—杰索尔一带附近埋深最浅，向西北逐渐加深，至朗普尔—迪纳杰布尔附近又呈现鞍状隆起。

（4）喜马拉雅山前凹陷区：位于朗普尔—迪纳杰布尔以北的孟加拉西北隅，属于喜马拉雅前渊区的一部分。该区晚白垩世和更新世磨拉石建造十分发育，最大厚度可达2000 m 以上。

（5）达乌吉（Dauki）断裂区：位于北部边境线附近，沿印度的西蒙地块南缘分布，为上（北）盘上升、下（南）盘下降的拉张性断裂。在追踪性断裂影响下，在断裂带上出现残存的古新统、始新统，但规模极小，推测断裂带形成时间较早，但新近纪活动较为频繁（吴良士，2010a）。

2）构造过程

孟加拉地质构造演化大致经历了 4 个阶段：

（1）古生代：主要包括早古生代早期隆升的冈瓦纳古陆形成阶段和晚古生代冈瓦纳古陆内部局部裂陷阶段。冈瓦纳古陆形成以前以寒武系发育为特征，基本缺失古生界；而后，局部裂陷地区接受较厚的二叠系沉积。

（2）早二叠纪—早白垩纪：主要为孟加拉盆地的裂陷期。其中，在早二叠纪至早三叠纪时期，孟加拉盆地属于冈瓦纳古陆的一部分；在晚石炭纪到早侏罗纪时期，受冈瓦纳板块内部应力作用发育一系列不对称地堑；在早白垩纪时期，印度板块与澳大利亚和南极板块分离，持续的拉张作用加深了前期形成的北西—南东走向的地堑，后受拉张应力作用出现大规模断裂和基性火山岩（玄武岩和安山岩）喷发，断裂和火山活动在早白垩纪晚期的阿普特期停止。

（3）晚白垩纪—晚始新世：主要为孟加拉盆地的裂后期。其中，在中古新世时期，自冈瓦纳大陆分离后，印度板块快速向北运动并与欧亚板块碰撞，导致印度板块逆时针旋转和缝合线的闭合；在古新世时期，发生一次较大规模的由海进至海退的沉积旋回，陆架上发育河流-三角洲沉积体系，深盆区较深水体系（如深海盆地等）不断增多；中始新世初期，孟加拉盆地发生最大海侵事件，形成浅海碳酸盐岩台地环境，在陆架区沉积了厚层碳酸盐岩地层，向盆地方向发育深海扇沉积。

（4）渐新世—全新世：主要是新近纪—第四纪的陆表活动阶段，形成由频繁渐进的三角洲相沉积至大范围近代冲、洪积相沉积。这是孟加拉盆地最重要的演化阶段，盆地内绝大部分油气都分布在这套层系内。孟加拉盆地在上新世至今的演化阶段以喜马拉雅和印缅山脉隆起为特征；中新世—上新世相对海平面下降后，沉积体系由三角洲体系转变为河流体系，隆起的褶皱带（如西隆地块和印缅山脉）提供了大量的沉积物；到中晚上新世，孟加拉盆地现今的格架大部分已经形成（吴良士，2010a；刘铁树等，2015）。

3）矿产资源

孟加拉国境内具有优良的矿产资源形成环境，但勘查开采难度极大。在漫长的构造演化阶段中，主要出现过 4 种有利于成矿作用的重要地质环境，分别为海底火山喷发沉积环境、冈瓦纳地堑的沉积环境、稳定地台沉积环境和海岸三角洲沉积环境。但孟加拉盆地大范围被近代冲、洪积层所覆盖，将许多矿产深藏地下，矿产勘查也受到地质与地理条件限制。目前，孟加拉国主要矿产是油气等能源矿产及非金属矿产，金属矿床只有一些砂矿，黑色金属与有色金属矿产勘查开采量较小（吴良士，2010b）。多数天然气、玻璃砂矿资源分布于东北部、东南部山区，而中部和东部的泥煤和砂矿资源储量较大，西部和北部的高岭土矿和石灰岩矿较丰富（图 1-3）。

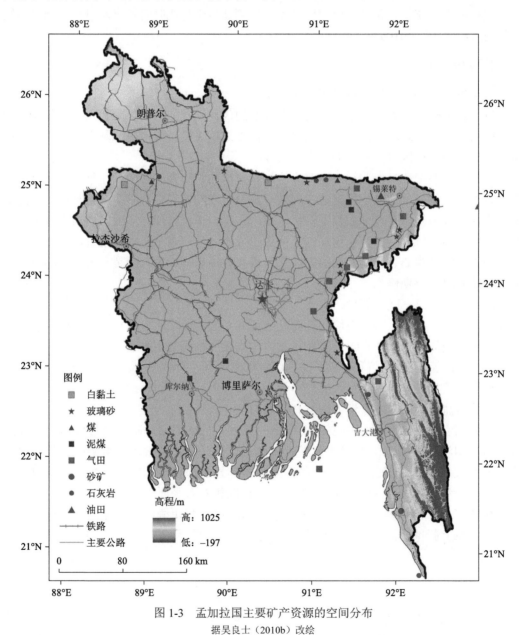

图 1-3   孟加拉国主要矿产资源的空间分布
据吴良士（2010b）改绘

1.2.2 自然地理特征

1. 低地平原之国

孟加拉国境内地形以平原为主（图1-4），平原占国土面积的80%左右，中、南部为恒河三角洲平原，平均海拔低于10 m，北部为布拉马普特拉河流域平原，多数地区海拔为0～50 m，南部沿海局部地区海拔低于0 m。除此之外，北部和东南部地区分布着小面积的山地和丘陵，海拔为100～1000 m。因地势变化小及河流与海洋的交互作用，水流携带大量泥沙沉积于河口，全国遍布沼泽、河汊、沙洲和浅滩。良好的生态条件极大地促进了红树林的生长及发展。红树林主要分布区域为西南部的库尔纳专区、南部的博里萨尔专区和东南部的吉大港专区（周磊等，2019）。

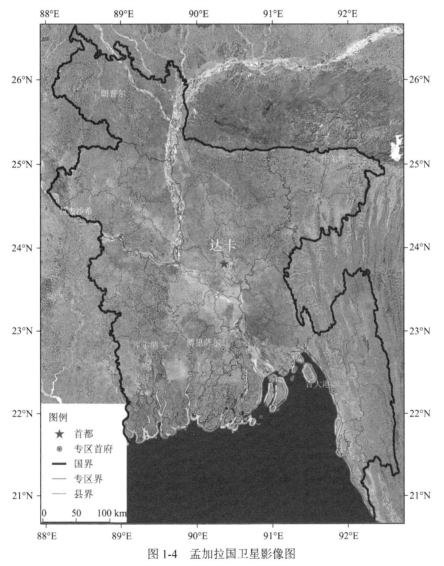

图1-4 孟加拉国卫星影像图

2. 河流湿地之国

孟加拉国是世界上河流最稠密的国家之一,被称为"水泽之乡"和"河塘之国"。境内存在极多的河流、沼泽、湖泊和洪积平原,水面约占国土面积的 1/10,每到雨季河水上涨,大片土地被淹没在水下,呈现出"水国"的景色。境内河流以恒河和布拉马普特拉河为主,河流多分叉,共有 230 多条,内河航运线总长约 6000 km;约有 50 万~60 万个池塘,平均每平方千米约有 4 个池塘。主要河流水系有恒河、博多河、贾木纳河、梅克纳河、卡纳普里河、提斯塔河等。

3. 多样的海洋地貌

孟加拉国海岸线全长 550 km,沿海形成很多小岛和沙洲,且有世界最长的连续海岸线,长达 120 km。位于南部的孟加拉湾总面积为 217.2 万 km²,平均水深 2586 m,是世界第一大海湾。孟加拉湾潮流动力强,属于典型的强潮海湾,涌浪作用频繁,是热带气旋的多发海域、世界上风暴潮灾害最为严重的地方。作为亚洲大陆典型的边缘海,孟加拉湾也是喜马拉雅山和青藏高原侵蚀物质的重要"汇"区,接收来自印度大陆、东南亚等地区的陆源物质,发育着含沙量高且复杂的岸滩地貌。同时,冰川型海平面升降波动、气候变化和构造活动调节的长期河流沉积物输入,三者共同作用形成了世界上最大的深海浊积扇——孟加拉扇。孟加拉扇长近 3000 km、宽近 1500 km,面积约 300 万 km²,近端厚度可逾万米(孙兴全等,2020;汪品先,1995)。

1.3 气象和气候

孟加拉国属于热带季风气候,特点是高温、暴雨、极端潮湿和季风发达。其全年平均气温约为 25℃,月平均气温在 15~35℃;西部降水少、东南部相对较多,年均降水量在 2320 mm 左右,夏半年降水量通常约占全年的 70%;气象灾害频发,热带气旋、海平面上升、洪水等严重影响人类正常的生产生活。

本节数据来源于 WorldClim-Global Climate Data(http://www.worldclim.com/)。

1.3.1 概述

1. 季节变化

从季风角度分析,孟加拉国有 4 个季节:

(1)季风前期(3~5 月):一年中,该时期发生高温天气的天数最多,气温月较差最大,平均温度和月降水量较高,风速为 1~3.7 m/s;

(2)季风期(6~9 月):相较于季风前期,该时期最高温度降低,平均气温升高,降水量达到全年最高值,风速为 0.7~3.4 m/s;

（3）季风后期（10～11 月）：该时期气温和降水量持续降低，风速达全年最低值，为 0.4～1.8 m/s；

（4）旱季（12～2 月）：该时期气温和降水量均达到全年最低值，风速较前一个季节有所回升。

各月气象要素变化见表 1-1。

表 1-1 孟加拉国各月主要气象特征

月份	最高温度/℃	最低温度/℃	平均温度/℃	降水量/mm	风速/（m/s）
1	20.7～26.6	9.2～15.7	15～21	2～19	0.4～2.1
2	22.8～29.5	10.8～17.7	16.9～23.1	9～38	0.7～2
3	26.4～33.9	14.8～22.5	20.6～27.4	16～158	1～2.4
4	28.0～37.1	18.0～25.2	23～30.2	28～409	1.2～3.7
5	27.8～36.4	19.7～26.2	23.8～30.7	93～625	1.1～3.6
6	26.0～34.1	20.0～26.7	23.1～30	217～1172	1.1～3.4
7	25.7～32.4	20.2～26.7	23～29.2	275～1486	1～3.3
8	25.7～32.4	20.0～26.7	22.9～29.2	252～1104	0.9～3.3
9	26.3～32.6	19.8～26.2	23～29.1	220～652	0.7～2.4
10	26.0～32.3	25.3～19.0	22.5～28.3	101～289	0.5～1.8
11	23.9～30.0	15.1～21.6	19.8～25.5	8～128	0.4～1.8
12	21.9～27.2	10.8～17.3	16.5～22.2	1～26	0.4～2.1

2. 气候分区

根据整体气候条件，孟加拉国被划分为 7 个气候分区（图 1-5）。

（1）东南区：主要为吉大港专区大部和库尔纳专区、博里萨尔专区的南部沿海地区，年均气温为 18～30℃，年均降水量为 3000～4000 mm；

（2）东北区：主要为锡莱特专区东北部，该区气候特点与东南部相似，年均降水量在 4000 mm 以上，平均湿度较高，旱季降水量较大，常见雾天；

（3）北部地区：主要为朗普尔专区最北部，受炎热的西风影响，该区 7 月、8 月气候干燥，雨季潮湿，最高和最低温度分别在 32℃ 以上和 10℃ 以下；

（4）西北区：主要为拉杰沙希专区和库尔纳专区的恒河与贾木纳河流域，气候特点类似于北部地区，气温、降水量略低；

（5）西部地区：主要为拉杰沙希专区最西部靠近恒河入境地区，该区是孟加拉国最干燥的地区，年均降水量低于 1500 mm，平均最高温度超过 35℃；

（6）西南区：主要为库尔纳专区中、北部地区，该区气候的极端程度较西部有所缓和，平均最高气温低于 35℃，年均降水量为 1500～1800 mm，露水较多；

（7）中南区：主要为孟加拉盆地的东部地区，该区年均降水量较高，超过 2000 mm，气温变化幅度小于西部地区，但大于东南部地区。

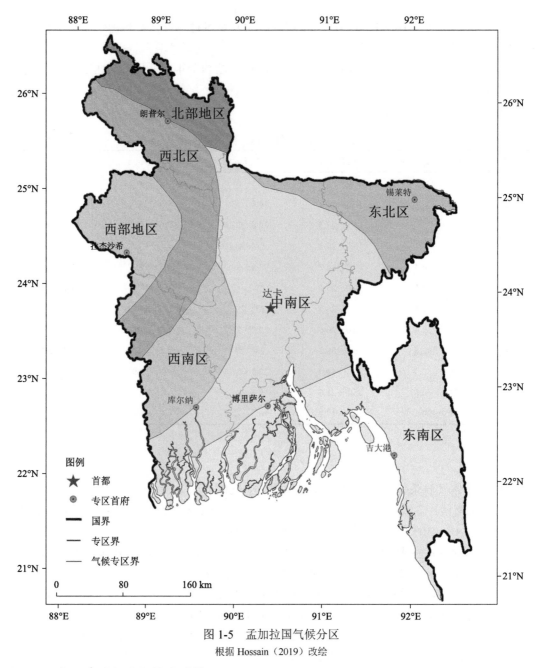

图 1-5　孟加拉国气候分区

根据 Hossain（2019）改绘

3. 南亚季风与孟加拉湾风暴

孟加拉国常年受南亚季风影响，夏季西南风强于冬季东北风，气候特征为夏季炎热湿润、冬季干燥。

孟加拉湾夏季风的形成原因为气压带和风带的移动，季风纬向风由东风转为西风，经向风由北风转为南风，并以西风为主，是南亚西南季风区维持时间最长的季风和西南风速中心，一般6月、8月出现风速峰值（晏红明等，2023）。西南季风剧烈活动并携带大量水汽,易形成孟加拉湾风暴,爆发时间一般为季风前期(3～5月)和季风后期(10～11月)。孟加拉湾风暴具有水汽多、爆发力极强、破坏力巨大、影响范围广等特点,其偏北移动,可使孟加拉湾出现大海潮,青藏高原产生暴风雪;偏东移动常对缅甸、中南半岛和我国西南地区造成较大影响;偏西移动则可对印度、斯里兰卡等国造成重大影响(段旭等,2009)。

孟加拉湾的冬季风主要受到海陆热力差异的影响,以东北风为主。这种风向在春夏季节的气候变化中影响十分显著。通常情况下,孟加拉湾冬季风较强时,夏季风的到来会相对较晚,导致印度季风势力较弱,降水也相应偏少。相反,如果孟加拉湾冬季风较弱,夏季风往往会较早到来,印度季风势力较强,降水也会相应增加。孟加拉湾冬季风还具有年际和年代际变化特征,从20世纪70年代中期以后有明显增强的趋势,其中70年代中期有明显的突变发生(梁红丽等,2004)。

4. 气候灾害

孟加拉国的气候灾害主要为热带气旋、海平面上升、盐水入侵和洪水4类。受大气环流、地形条件、天气条件等多方面影响,面临多种灾害的严重威胁。热带风暴大多发生在季风后期,雷击、冰雹、龙卷风等灾害发生于季风前期,季风期易产生海平面上升、洪水现象,干旱期则易导致沿海地区发生盐水入侵现象。据统计,1950年至今,孟加拉国已经遭受了28次以上的洪涝灾害(雷鸣,2012),其中1998年发生了最严重的特大洪水,境内超过65%的区域被淹没的时间长达65天,约3000万人无家可归,估计损失20亿美元;近0.883万hm²的耕地受到不同程度的盐水入侵影响,海平面上升导致1000万～3000万人流离失所;到2050年,飓风对谷物生产造成的损失可能高达78883万美元。除此之外,孟加拉国不仅是在全球范围内最易受气候灾害影响的国家之一,也是面对气候变化影响最脆弱的国家之一。联合国开发计划署(United Nations Development Programme)认定孟加拉国是在面对热带气旋时最脆弱的国家,也是在面对洪水时第六脆弱的国家;《2011年世界风险指数》(World Risk Index 2011)中指出,孟加拉国在全球最易受自然灾害影响的国家中名列第六,在亚洲国家中排名第二(Hossain,2019;欧阳楚茗,2018)。

1.3.2 气温特征

孟加拉国气温分布主要受季风和地形影响,各季气温分布如图1-6所示。

(1)季风前期:全国气温整体呈由东北向西南逐渐升高的趋势,月均温度为23～30℃;

(2)季风期:北部和东北山区气温明显升高,境内绝大部分地区气温较高,月均温度为23～30℃;

(3)季风后期:沿海地区持续高温,北部和东北山区气温明显下降,全国月均温度为22～28℃;

(4)旱季:全国南北气温差距大,东南山地的沿海地区成为气温最高的地区,全国月均温度为17～23℃。

一年中，4月是最热的月份，1月是最冷的月份；在12月下旬和1月初，最低温度下降至9.2~17.3℃，尤其是境内北部地区下降更为明显；个别地区的极端最高气温可达43℃，最低气温为4℃。全境湿度较高，在旱季为60%，雨季为98%（Food and Agriculture Organization of the United Nations，2020）。

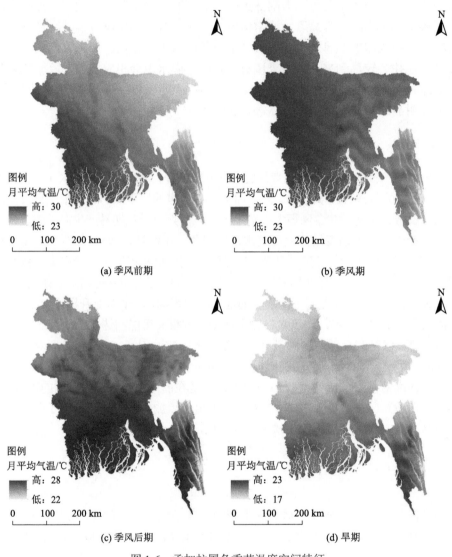

图1-6 孟加拉国各季节温度空间特征

1.3.3 降水特征

孟加拉国年内各月降水量变化极大，有明显的旱涝期，各季降水差别较大。

（1）季风前期：降水集中于东北山区，月均降水量为42~1049 mm；

（2）季风期：全国各地降水量高，东南山地月均降水量超过 1000 mm，局地超过

2000 mm；

（3）季风后期：相比于季风期，降水量大幅度下降，除东部山地外，其余地区月均降水量在 300 mm 以下；

（4）旱季：全国各地降水量极低，最高月均降水量仅约为 36 mm。

一年中，6 月和 7 月是降水量最多的月份，月均降水量约为 466 mm，12 月和 1 月降水量最少，不足 5 mm。孟加拉国全年累积降水量分布大致呈现由东至西减少的趋势，全年累积降水量从西北部的约 1500 mm 到东南部和东北部的超过 4000 mm 不等（图 1-7）。

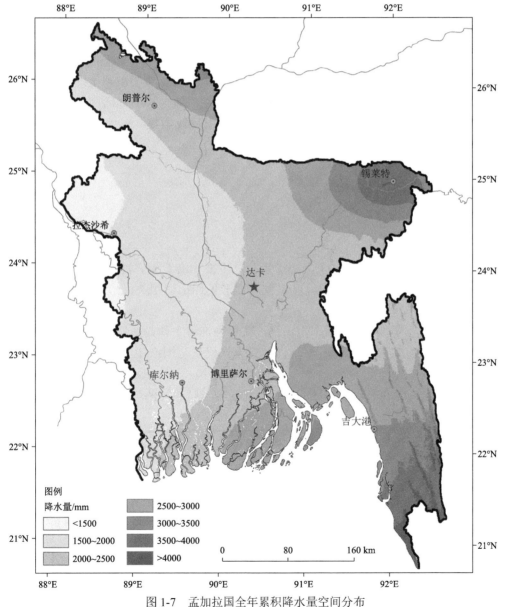

图 1-7　孟加拉国全年累积降水量空间分布

根据 Hossain（2019）改绘

总降水量的 99%左右发生在季风前期、季风期、季风后期，而旱季累积降水量仅为 20～30 mm，只占总降水量的 0.7%～1.4%。在季风前的炎热季节或雨季，降水量占全年总降水量的 13%～27%，且易导致一些天气事件，如雷暴、龙卷风、冰雹、旋风等。全国湖泊平均年蒸发量约为 1040 mm，占年平均降水量的 46%左右（Food and Agriculture Organization of the United Nations，2020）。

1.4　土壤类型与质地

孟加拉国境内土壤主要为冲积土、黏土、砂土、壤土等，土壤的演化过程主要受气候、地形等自然条件的影响。另外，孟加拉国是世界上人口数量最多的国家之一，人口密度大、城市化进程快，人类活动也极大地影响地区土壤类型和质地的演化。本节数据来源于联合国粮食及农业组织和维也纳国际应用系统分析研究所构建的世界土壤数据库（Harmonized World Soil Database，HWSD）土壤数据集，采用的土壤分类系统主要为 FAO-74。

1.4.1　土壤类型

1. 分布现状

孟加拉国境内现存大约 500 个土壤系列，主要为潜育土、冲积土、淋溶土等，可分为 14 种土壤类型，分布特点和地区气候与地形条件密切相关，土壤类型分布如图 1-8 所示。

（1）淋溶土：分布于东北、东南山区，铁质强淋溶土和典型强淋溶土的矿物分解彻底、淋溶强烈、有效养分含量低，而且易在作物根系范围产生结核，限制水稻等作物生长。

（2）冲积土：分布在沿海地区和恒河、布拉马普特拉河两岸，土壤中矿质含量高，特别适合种植水稻等农作物。

（3）潜育土：饱和潜育土和石灰性潜育土是孟加拉国最常见的土壤类型，广泛分布于中部、南部平原地区。

（4）弱育土：东南山地土壤类型以不饱和弱育土为主，北部山区存在小面积的腐殖质弱育土。

（5）其他类型：主要为北部山区的饱和变迁土、中南部平原的不饱和有机土和不饱和强风化黏盘土等。

孟加拉国土壤有机碳含量的分布主要受地形、季风气候和耕作方式的影响（图1-9）。境内上层土壤（土壤厚度为 0～30 cm）比下层土壤（土壤厚度为 30～100 cm）的有机碳含量高，上下层土壤有机碳含量分布特点基本一致，沿海地区、东南部山地含量普遍较高，适于农作物耕种和生产，而北部山地和部分洪泛区含量极低，通常在1%左右。

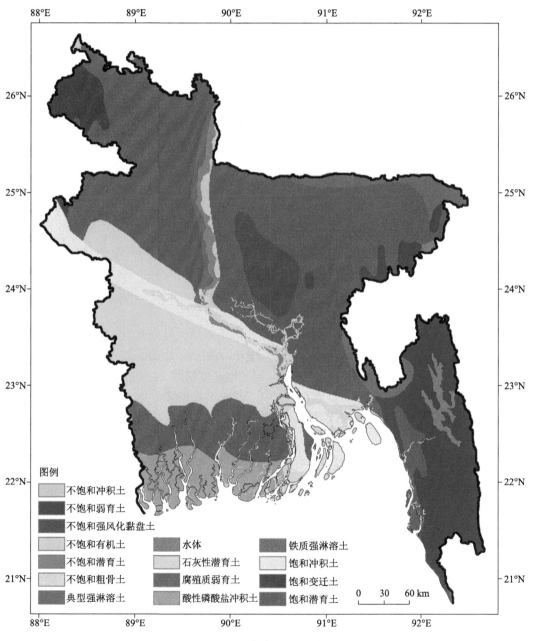

图1-8 孟加拉国土壤类型

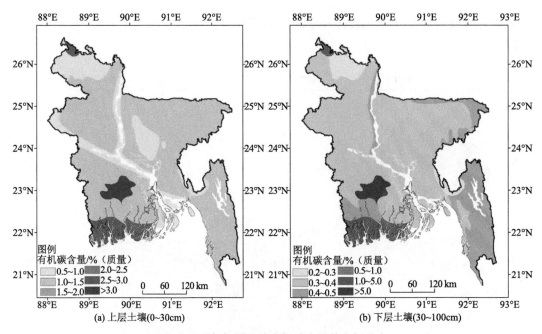

图 1-9　孟加拉国土壤有机碳含量的空间分布

2. 土壤问题

盐渍化是孟加拉国最主要的土壤问题之一，以沿海地区最为典型。根据 2000 年孟加拉国土壤资源开发研究所（www.srdi.gov.bd）统计，孟加拉国滨海地区约 10000 km² 的土地存在明显的土壤退化现象，约有 2300 km² 的土地盐度超过 12dS/m。雨季期间，由于雨水的自然淋滤作用，可以正常种植农作物；在干旱季节，土壤盐分增加，整个海岸盐渍化地带则处于休耕状态。孟加拉国土壤退化还受有机质含量和重金属污染等因素的影响，例如，热带季风气候和数百年的耕作使孟加拉国大部分土壤的有机质、农家肥和有机肥的残留量低，即使施用足够的氮磷钾肥，作物生长状况仍然不佳。在恒河冲积层中发现的石灰性土壤普遍富含钙和镁，大多数近代漫滩土壤具有较高的钾储量（Bhuiya，1987）。

近些年，为缓解人地矛盾，提高人均可耕种面积和收入，国际生物有机农业中心（International Center for Biosaline Agriculture，ICBA）和孟加拉国农业研究所提出了在沿海盐碱地利用滴灌等水管理技术种植经济作物和饲料作物的耕种思路，如番茄、豇豆等，进而提高作物产量、增加农作物种植品种、减弱土地盐渍化对农业生产的影响。并且，孟加拉国政府通过补充矿物质肥料和推进回收或循环使用各种生物肥料（如作物废料、动物粪便、池塘河床淤泥等）等措施，提高土壤有机质含量，保护土壤，减少环境污染（Islam et al.，2012）。

1.4.2　土壤质地

孟加拉国最常见的土壤质地是黏土、壤土和砂土，进一步可分为砂质黏土、砂质壤土、壤质砂土等（图 1-10）。

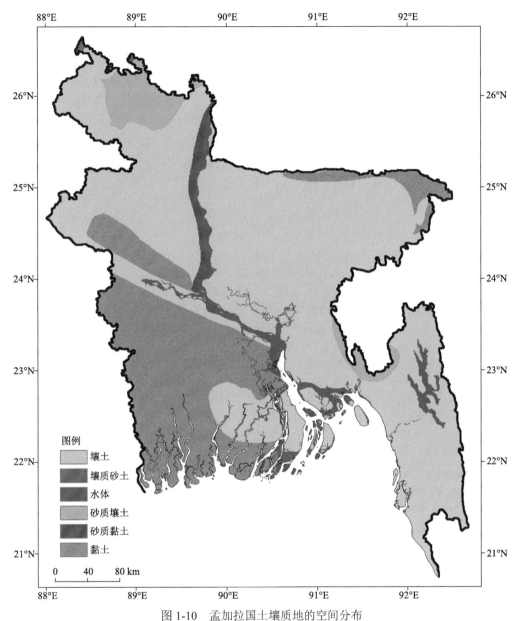

图 1-10　孟加拉国土壤质地的空间分布

（1）砂土类：主要为北部山区的壤质砂土，分布面积极小。

（2）黏土类：分别为黏土、砂质黏土，主要分布于沿海地区、东北山地和布拉马普特拉河与恒河汇流前所流经的小部分地区，分布面积较大，仅次于壤土。

（3）壤土类：分别为壤土、砂质壤土，主要分布于西北部平原、达卡专区南部靠近恒河入海口地区、贾木纳河与恒河汇流前流经的地区和东北部山区，是孟加拉国境内最常见的土壤质地类型。

1.5 本章小结

1972 年孟加拉人民共和国成立。当前，全国划分为 8 个行政区，下设 64 个县，4490 个乡，约 6 万个村。达卡为孟加拉国的首都和全国第一大城市，吉大港为全国第二大城市和第一大港口城市。孟加拉国国土面积约 14.76 万 km²，与我国辽宁省的面积相当。

孟加拉国境内绝大部分地区为平原，仅在东南部和东北部有山地、丘陵。境内地表基本被近代冲积物所覆盖，地层出露面积小，形成年代较晚；矿产资源有限，主要为油气等能源矿产和非金属矿产。全境属于热带季风气候，湿热多雨，气候灾害频发；土壤主要为冲积土、黏土、壤土和砂土等，适于农业生产。

参 考 文 献

陈睿. 2019. 21 世纪以来中孟公共外交发展研究. 成都: 西南民族大学硕士学位论文.

段旭, 陶云, 寸灿琼, 等. 2009. 孟加拉湾风暴时空分布和活动规律统计特征. 高原气象, 28(3): 634-641.

何苑. 2016. 孟加拉国贫困问题研究. 昆明: 云南大学硕士学位论文.

雷鸣. 2012. 孟加拉国的气候灾害及其治理. 南亚研究季刊, (4): 92-97.

梁红丽, 肖子牛, 晏红明. 2004. 孟加拉湾冬季风及其与亚洲夏季气候的关系. 热带气象学报, 20(5): 537-547.

刘铁树, 袭著纲, 骆宗强. 2015. 孟加拉盆地油气分布特征及主控因素. 石油实验地质, 37(3): 361-366, 401.

欧阳楚茗. 2018. 孟加拉国气候难民问题的现状与应对. 北京: 外交学院硕士学位论文.

孙兴全, 刘升发, 李景瑞, 等. 2020. 孟加拉湾南部表层沉积物稀土元素组成及其物源指示意义. 海洋地质与第四纪地质, 40(2): 80-89.

唐鹏程, 丁梁波, 马宏霞, 等. 2017. 孟加拉盆地东部褶皱带差异构造变形及成因. 海相油气地质, 22(2): 73-81.

汪品先. 1995. 大洋钻探与青藏高原. 地球科学进展, 10(3): 254-258.

吴良士. 2010a. 孟加拉人民共和国地质构造基本特征. 矿床地质, 29(3): 579-581.

吴良士. 2010b. 孟加拉人民共和国矿产资源及其地质特征. 矿床地质, 29(4): 722-724.

晏红明, 肖子牛, 杞明辉. 2003. 阿拉伯海和孟加拉湾夏季风气候特征的差异. 南京气象学院学报, 26(1): 96-101.

伊宁, 渠晋湘. 2020. 走入神秘的孟加拉国. 走向世界, (19): 56-59.

周磊, 马毅, 任广波. 2019. 孟加拉国海岸带近 30a 红树林变化遥感分析. 海洋环境科学, 38(1): 60-67.

周鑫. 2017. 孟加拉国人民联盟研究 1949—1975 年. 昆明: 云南大学硕士学位论文.

Bhuiya Z H. 1987. Organic matter status and organic recycling in Bangladesh soils. Resources and Conservation, 13(2-4): 117-124.

Food and Agriculture Organization of the United Nations. 2020. Bangladesh. http://labs. fao. org. [2020-06-01].

Hossain M S. 2019. 气候变化对孟加拉国农业经济的影响. 咸阳: 西北农林科技大学博士学位论文.

Islam M S, Akhand M N A, Akanda M A R. 2012. Prospects of crop and forage production in coastal saline soils of Bangladesh. Developments in Soil Salinity Assessment and Reclamation: Innovative Thinking and Use of Marginal Soil and Water Resources in Irrigated Agriculture, 13: 497-520.

第 2 章 人口与社会经济背景

社会经济对区域资源环境承载能力的发挥起着调节作用。本章从人口规模与人口政策、人口分布与分区特征、人口结构与人口素质、海外务工人口及其效益方面,分析孟加拉国近年人口现状与发展变化特征;以人类发展水平、交通通达水平、城市化水平三个方面的评价为基础,综合评价孟加拉国社会与经济发展的区域差异。本章的内容将为孟加拉国资源环境承载力的综合评价提供基础支撑。

2.1 人 口

基于世界银行公开数据(https://data.worldbank.org.cn/)和孟加拉国统计年鉴数据(http://www.bbs.gov.bd),作者以国家和专区为基本研究单元,从人口规模与人口政策、人口分布与分区特征、人口结构与人口素质、海外务工人口及其效益等多个方面,对孟加拉国整体及各专区的人口特征进行了总结。

2.1.1 人口规模与人口政策

1. 人口规模

孟加拉国是世界人口大国,人口规模居全球第 8 位,且人口一直处于较快增长的态势(图 2-1)。2018 年,孟加拉国人口 1.61 亿人,在南亚地区仅次于印度的 13.5 亿人和巴基斯坦的 2.1 亿人,是南亚的第三人口大国。1971~2018 年,孟加拉国人口增长率呈现"先减再增,然后缓慢下降"的趋势。1971 年后,孟加拉国人口增长率在 2 年内下降较快,但在 1973 年国家基本稳定后,人口增长率不断增长,并在 1979 年达到了 2.7%的高人口增长率。与 1974 年人口普查时的 7639.8 万人相比,2011 年人口普查人数增长约 1 倍,约为 1.5 亿人,年均人口增长率高达 1.84%,虽然近年来孟加拉国人口增长率有所下降,但仍维持在 1%左右。

2. 人口政策

孟加拉国成立后,由卫生和家庭福利部主管人口健康与计划生育,从 20 世纪 70 年代开始,孟加拉国先后实行了 1977 年"五五计划"、1998 年人口健康计划、2004 年人口政策、2012 年人口政策,并于 2004 年将老年人健康战略写入政策之中。由于实行了人口控制政策，人口增长趋势得以有效控制（张淑兰等，2019）；21 世纪以来，孟加拉国人口增长率逐年下降，并在近年逐渐降低到了 1%左右。

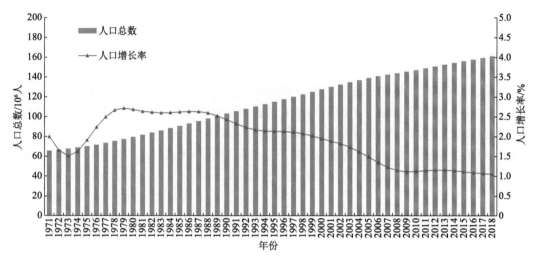

图 2-1　1971～2018 年孟加拉国人口的逐年变化

2.1.2　人口分布与分区特征

1. 人口的空间分布和变化

孟加拉国整体为人口高密度地区。2018 年孟加拉国全国人口密度为 1087 人/km²，高于同在南亚地区的印度的 412 人/km²、巴基斯坦的 267 人/km²、缅甸的 79 人/km²，属于人口高密度国家。孟加拉国人口分布深受自然地理环境的影响，该国地处热带、高温多雨，位于恒河、布拉马普特拉河、梅克纳河等大江大河下游三角洲，地势平坦，中部和南部的平原占国土面积的 80%左右，耕地资源丰富，全境人口密度都很高，尤其以首都达卡和吉大港两大都市区人口最为密集。孟加拉国人口相对稀疏区为东南部的吉大港山区和东北的锡莱特山区，海拔在 600～900 m，属于缅甸和印度东部山脉的余脉，地形复杂。

孟加拉国近年来人口增长明显，大部分地区都出现了明显的人口增长。图 2-2（a）展示了 2000 年孟加拉国的人口密度空间分布情况，大部分地区人口密度在 400～1000 人/km²，人口密度在 1000 人/km² 以上的地区主要集中在城市和交通道路沿线。图 2-2（b）展示了 2015 年孟加拉国的人口密度分布情况，相较于 2000 年，2015 年孟加拉国高密度人口分布更为均匀，人口密度在 1000 人/km² 以上的地区大大增加。图 2-3 显示全国大部分地区的人口密度持续增加，仅西南沿海地区和东南的吉大港山区部分地区出现了人口减少。

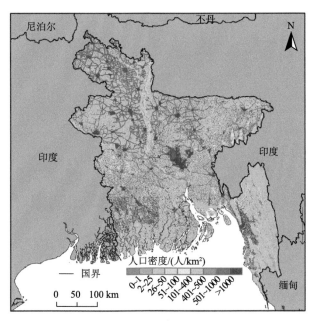

(a) 2000年

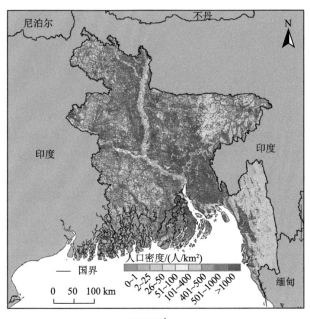

(b) 2015年

图 2-2　2000 年和 2015 年孟加拉国的人口密度

数据来源：https://landscan.ornl.gov/

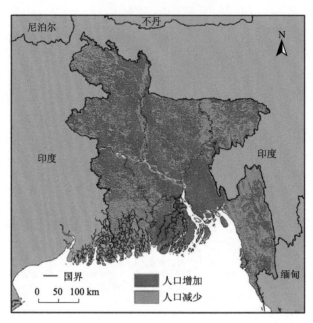

图 2-3　2000～2015 年孟加拉国人口密度的变化

数据来源：https://landscan.ornl.gov/

2. 行政专区的人口状况

从行政专区角度看，达卡区人口总量和人口密度最高，而博里萨尔专区最低。基于孟加拉国 2001 年和 2011 年人口普查数据，对其分专区的人口变化特征进行分析[1]（表 2-1）。从人口总量规模来看，2011 年达卡专区人口总量最多，为 4915 万人，其次为拉杰沙希、吉大港专区，而库尔纳、博里萨尔和锡莱特专区人口相对较少，最少的博里萨尔专区人口总量仅为 863 万人，约为达卡专区的 1/6。从增量来看，达卡专区 10 年间人口增加得最多，为 830 万人，而博里萨尔增量最小，仅为 8 万人。从增长幅度来看，2001～2011 年，全国人口增长幅度为 14.75%，六大专区中锡莱特专区、达卡专区和吉大港专区均高于全国平均水平，最高的锡莱特专区增长幅度近 24%，而拉杰沙希专区、库尔纳专区和博里萨尔专区在全国平均水平之下，其中最低的博里萨尔专区仅为 0.9%。

表 2-1　2001 年和 2011 年孟加拉国各专区的人口及变化

专区	面积/10^4km^2	人口总量/10^6 人		增量/10^6 人	增长幅度/%
		2001 年	2011 年		
博里萨尔	1.32	8.55	8.63	0.08	0.90
吉大港	3.39	25.41	29.46	4.04	15.92

---

[1] 由于朗普尔专区 2010 年从拉杰沙希专区分离单独成为一个专区，为数据统一，本书将 2011 年朗普尔的人口数据合并到拉杰沙希专区，因此本节一共统计六大专区的人口数据。

续表

专区	面积/10^4km²	人口总量/10^6 人		增量/10^6 人	增长幅度/%
		2001 年	2011 年		
达卡	3.12	40.84	49.15	8.30	20.32
库尔纳	2.23	15.38	16.26	0.87	5.68
拉杰沙希	3.43	31.59	35.52	3.92	12.42
锡莱特	1.26	8.31	10.27	1.96	23.66
全国	14.76	130.09	149.27	19.19	14.75

注：表中个别数据因数值修约，略有误差。

以 800 人/km² 和 1000 人/km² 为标准，将孟加拉国六大专区划分为高密度区（600～800 人/km²）、超高密度区（801～1000 人/km²）和极高密度区（＞1000 人/km²）共 3 类（图 2-4）。2011 年孟加拉国极高密度区有 2 个，为达卡和拉杰沙希专区；超高密度区有 2 个，为吉大港和锡莱特专区；高密度区有 2 个，为库尔纳和博里萨尔专区。值得注意的是，孟加拉国人口密度最低的博里萨尔专区的人口密度仍在 600 人/km² 以上，其高人口密度由此可见一斑。

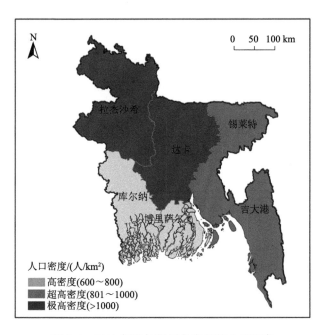

图 2-4　2011 年孟加拉国各专区的人口密度

3. 人口增长的分区特征

以 2011 年人口密度 800 人/km² 为标准，定义人口密度低于或等于此标准的为高密度区，高于此标准的为极高密度区。对于人口总量增长幅度，以 10 年间增长幅度 10%

为分界，即平均每年增长 1%为标准，人口总量增长幅度低于或等于此标准为匀速增长阶段，高于此标准为高速增长阶段，具体划分标准见表 2-2。

表 2-2　孟加拉国各专区人口集疏变化的类型

增长速度/%	高密度（600~800 人/km²）	极高密度（>800 人/km²）
匀速增长（≤10）	博里萨尔、库尔纳	—
高速增长（>10）	—	达卡、吉大港、拉杰沙希、锡莱特

达卡、吉大港、拉杰沙希和锡莱特 4 个专区均为极高密度高速增长的类型，属于人口密度和增长幅度"双高"的地区。虽然孟加拉国自然资源本底较好，但本就是极高人口密度的地区又叠加人口的高度增长，这给当地的资源环境承载力带来了极大的压力，使该地区的人地关系更为紧张。未来这些地区应该更加重视控制人口，实行控制人口政策，实现人口的高素质增长而非简单的数量增加。

博里萨尔、库尔纳 2 个专区处于高密度匀速增长，表明这些地区虽然人口密度较大，但人口的增长速度已经逐渐放缓。如果除去人口自然增长带来的贡献因素，这 2 个专区的人口增长已处于很低的水平，尤其是博里萨尔专区，2001~2011 年的人口增长速度还不到 2%，人口增长处于极低水平。

另外，博里萨尔和库尔纳 2 个专区在地理位置上均位于面向印度洋的沿海地区，其较低的人口增长速度可能和近年来印度洋频发的海啸和海平面上升有关，导致本地人口前往其他地区，人口增长速度放缓（Carrico et al.，2020）。

2.1.3　人口结构与人口素质

1. 人口结构

孟加拉国人口结构为年轻型，男女性别比较为均衡，近年来人口结构逐渐向成熟型转变。人口金字塔图显示（图 2-5），2011 年孟加拉国 65 岁以上老年人口占比为4.87%，人口抚养比[①]为 56.95%；而在 2018 年，这一数字分别为 5.16%和 48.95%。这表明孟加拉国目前处于增长型人口结构，正处于人口红利期，人口负担较低，十分有利于经济发展。2018 年出生人口性别比[②]为 104.9，男女性别较为合理。而 2018 年人口金字塔较 2011 年更为接近纺锤形，表明人口逐渐向成熟型转变，控制人口政策取得了较好的成效。

---

① 人口抚养比为少年儿童和老年人口的和与劳动人口的比例，人口抚养比数值越小，表明人口负担越轻。
② 出生人口性别比为出生人口中每 100 名女孩对应的男孩人数，人口学家一般认为出生人口性别比正常值在102~107。

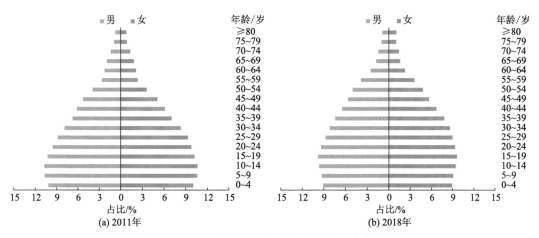

图 2-5　2011 年和 2018 年孟加拉国人口金字塔图

2. 城市化水平

　　近年来，孟加拉国城市化率水平稳步提升，但仍处于较低水平。孟加拉国人口稠密，从事传统农业生产的人口众多，导致孟加拉国城市化水平一直处于较低水平。据世界银行的统计数据（图 2-6 和图 2-7），孟加拉国 1971 年城镇人口为 517.77 万人，人口城市化率仅为 7.9%；2018 年城镇人口 5910.79 万人，人口城市化率为 36.63%，远低于同期全球 55.27% 的平均水平，更低于中国同期 59.58% 的城市化率，与南亚主要国家持平（印度 34.03%，巴基斯坦 36.67%）。1971～2018 年，孟加拉国人口城市化年均增长率为 0.61%，城市化水平稳定提升，但增长相对缓慢。

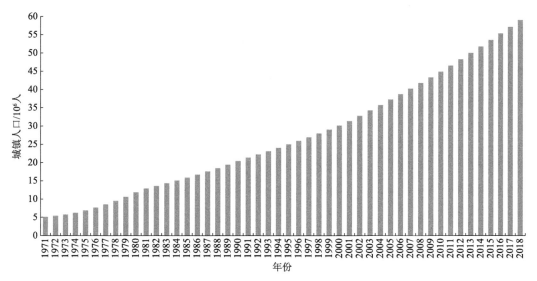

图 2-6　1971～2018 年孟加拉国城镇人口的逐年变化

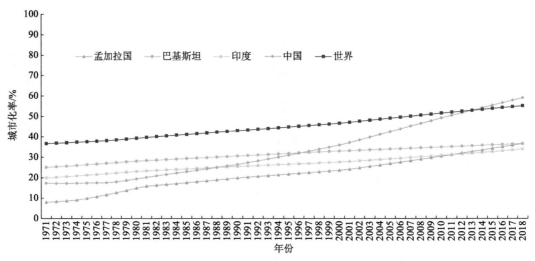

图 2-7　1971～2018 年孟加拉国逐年的城市化率及与全球和其他国家的对比

孟加拉国按照城市化速度大致可以分为三个阶段：第一阶段是 1971～1980 年，孟加拉国人口城市化水平增长较快，可能和该国成立后政治逐渐稳定、经济快速恢复有关；第二阶段是 20 世纪 80 年代初至 90 年代末的大概 20 年间，孟加拉国城市化增长速度放缓；第三阶段为 21 世纪以来，随着孟加拉国市场的进一步开放，对外贸易不断增加，以及成衣制造业快速发展等，农村剩余劳动力加速向城市转移，由此加速提升了孟加拉国的城市化水平。

3. 民族

孟加拉国为多民族国家，其中孟加拉族为孟加拉国主体民族，孟加拉语为国语，英语为官方语言。2011 年人口普查数据显示，孟加拉族占比达 98%，是孟加拉国主要民族，广泛分布于全国各地，操孟加拉语；属于欧罗巴人种，热情好客，善于交流且喜爱音乐，大多信仰伊斯兰教。另有 20 多个少数民族，主要分布在吉大港山区、锡莱特、迈门辛和拉杰沙希等地，基本上属于蒙古人种，所操方言大多属于藏缅语系，信奉佛教或泛灵论，主要有查拉尔玛、山塔尔、加诺等 20 多个少数民族。孟加拉国成立后，曾长期实行单一民族政策，导致吉大港山区等地少数民族的激烈反对。到 21 世纪，孟加拉国政府开始重视少数民族的权利问题，出台了包括《地方委员会法》在内的民族政策，确保了少数民族的权利和部分自主管理权。政府同时在部分山区设有少数民族事务部与区议会，如在吉大港山区设有吉大港事务部、区议会及县议会、吉大港发展委员会、难民康复特遣队等部门，自主管理本民族事务。孟加拉国政府给予少数民族部分自治的权利，确保少数民族参政议政、在政府任职的机会及教育权、经济发展权，给予专门拨款与专项经济发展项目。

4. 宗教

孟加拉国为宗教国家，国内教派众多，伊斯兰教为国教。

2011 年人口普查数据显示，信仰伊斯兰教的人口占比 90.39%，伊斯兰教为孟加拉国国教；每年举行的全球圣会是孟加拉国最大、最著名的穆斯林集会。绝大多数穆斯林操孟加拉语，占穆斯林总人数的 88%，剩余一小部分操比哈尔语和阿萨姆语。根据派别，孟加拉国的伊斯兰教可分为逊尼派、什叶派和苏非派。

信仰印度教的人口占比约为 8.54%，印度教是其第二大宗教，同时孟加拉国也是仅次于印度和尼泊尔的世界第三大印度教国家。依据派别可分为湿婆派、性力派和毗湿奴派。佛教为孟加拉国第三大宗教，信奉佛教的人口占比约为 0.6%，以吉大港的查克马人为主。信奉基督教的人口占比约为 0.37%，其中信奉天主教的人数最多。

孟加拉国实行政教分离的国策，以宗教信仰自由和禁止宗教歧视为基本原则，形成了包括宗教习俗、宗教基金、宗教教育、宗教婚姻等细分法则在内的全面的宗教政策体系，以保障人民的宗教自由权。

近年来，孟加拉国信仰伊斯兰教的人数占全国人口比例不断上升，而信仰印度教的人数占比呈下降趋势，信仰其他宗教的人数比例很低。根据孟加拉国历次人口普查数据（图 2-8），孟加拉国信仰伊斯兰教的人数一直在 85% 以上，而且近年来比例不断上升，2011 年孟加拉国信仰伊斯兰教人数超过了 90%。与之相对的信仰印度教的人数比例不断下降，从 1974 年的 13.5% 下降到了 2011 年的 8.5%，已不足人口总数的 1/10。信仰其他宗教的人数一直在 1% 左右，占总人口比例很低。

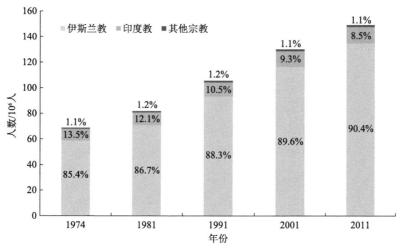

图 2-8 1974～2011 年孟加拉国信仰宗教人口数量的变化

5. 教育和科技

孟加拉国高度重视发展教育事业和科学技术，近年来人口素质不断提升。

孟加拉国早在 1817 年就建立了第一所西方科学教育机构，但受社会经济条件的限制，科技水平提升较慢。成立之后，政府采取了一系列措施发展科技和教育，努力提升人口素质。1983 年成立了国家科学技术委员会，专门负责起草国家科技政策、制定科技发展规划。1986 年通过了《大学法》，建立研究机构和科技大学。21 世纪以来，孟加拉国中央政府将科技强国上升为国家战略之一，先后于 2002 年推出了《2002 年国家信息与通信技术政策》，2008 年推出了"数字孟加拉 2021"战略，2011 年推出了《2011 年国家科技政策》，以推动国家科技现代化。2015 年，孟加拉国的科技专利申请数量为 41 件，相比之前已有较大进步，重视发展科技战略初见成效。

图 2-9 显示了孟加拉国 1981 年以来人口识字率的变化情况。孟加拉国 2018 年成人识字率为 73.91%，而 1981 年仅为 29.23%；30 多年来，孟加拉国成人识字率得到了极大的提升，而人口素质的提高也进一步推动了孟加拉国经济的发展。

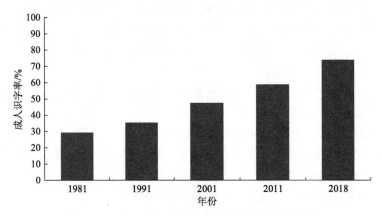

图 2-9　1981～2018 年孟加拉国成人识字率的变化

孟加拉国的教育体制及其发展受宗教和西方殖民者的影响较大。18 世纪英国殖民者入侵以前，孟加拉国的教育与宗教息息相关。18 世纪英国殖民者统治时期，孟加拉国传统教育与西方教育相融合形成了孟加拉国新式教育。孟加拉国成立后，政府强调消除文盲、普及义务教育，重视知识经济和培养人才。1972 年宪法第十七条明确规定实行免费义务教育。20 世纪 80、90 年代，政府组建初等、中等、高等和特色教育管理机构，形成了以教育部为中心，由各级教育部门委员会组成的教育管理体制。21 世纪以来，逐渐形成了以《2010 年教育政策》《信息通信硕士教育计划（2012—2021）》为主，以教育委员会、教育改革专家委员会、教育咨询委员会等机构为辅的教育制度。

图 2-10 展示了孟加拉国 1980～2018 年教育支出以及其占当年 GDP 的比例。自 1980 年以来，孟加拉国教育支出占 GDP 比例总体呈现上升的趋势，由 1980 年的 0.94%上升到 2018 年的 1.99%，而教育支出总额也从 1980 年的 2.14 亿美元上升到 2018 年的 33.73 亿美元；但从近年变化趋势来看，教育支出占比有所下降，目前维持在占 GDP 比例的 2%左右。

孟加拉国教育体制包括正式教育制度与非正式教育制度。正式教育制度包括普通教育、宗教教育、职业技术教育，其中普通教育和宗教教育均包含初等、中等与高等教育三大层级，细分为初等（一至五年级）、中等（六至八年级）、初级中等（九至十年级）、高级中等（十一至十二年级）、高等教育 5 个层次，而职业技术教育从中等教育阶段开始。非正式教育包括成人教育、继续教育及各类教育项目，由政府与非政府组织共同提供多元教育，是孟加拉国教育的重要补充。

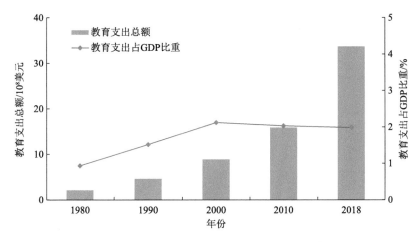

图 2-10　1980～2018 年孟加拉国教育支出的变化

图 2-11 展示了 2005～2017 年孟加拉国小学净入学率[①]的变化情况。2005 年孟加拉国小学净入学率为 87.2%，而 2017 年小学净入学率为 97.97%；这表明孟加拉国的小学净入学率不断提高，也是孟加拉国的免费义务教育政策成效显著的体现。

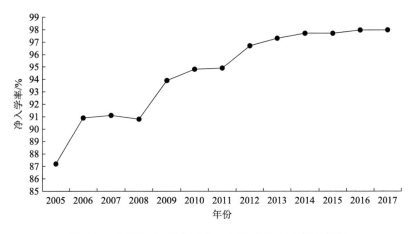

图 2-11　2005～2017 年孟加拉国小学净入学率的变化

6. 贫困人口

孟加拉国为世界上最不发达国家之一，贫困人口占比很高，近年来随着经济的快速增长，贫困人口不断减少（李建军和杜宏，2017）；贫困状况有所改善，但贫富差距呈加大趋势。据世界银行的统计数据（图 2-12），以每天收入低于 3.2 美元为贫困线划定贫困人口，孟加拉国 1985 年贫困人口占比为 71.3%，而这一比例在 2016 年下降为 52.9%。孟加拉国贫困人口比例总体呈现下降的趋势，表明政府的减贫政策取得了较好的成效，

―――――――――――――
① 净入学率是指某一级教育在校学龄人口数占该级教育国家规定年龄组人口总数的百分比。

同样也是孟加拉国经济较快发展的体现。但孟加拉国贫困率仍较高，高于同属于南亚地区且经济发展滞后的尼泊尔（50.8%，2010 年）和不丹（14.5%，2012 年）。

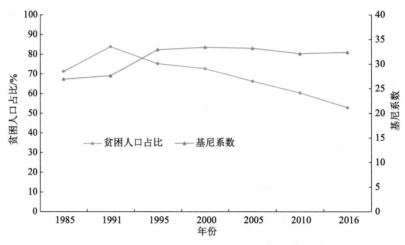

图 2-12　1985～2016 年孟加拉国贫困人口占比及基尼系数的变化

随着经济的发展，孟加拉国的贫富差距呈现加大趋势。1985 年，孟加拉国的基尼系数（GINI）[①]为 26.9（图 2-12），随后一直处于上升趋势，在 2016 年基尼系数上升为 32.4。这表明孟加拉国的贫富差距不断加大，收入不均等问题更加凸显。

2.1.4　海外务工人口及其效益

孟加拉国丰富而又廉价的劳动力使其成为国际劳务输出国之一，海外务工人数众多，务工目的地以西亚和东南亚为主，海外劳务汇款收入是与商品出口和外国援助并立的孟加拉国主要收入来源之一（蔡玲，1998）。

依据孟加拉国统计年鉴资料，绘制了孟加拉国 2003～2017 年海外务工人数及海外务工汇款金额图（图 2-13）。由图 2-13 可知，孟加拉国的海外务工人数呈波动趋势，受国际经济发展形势影响较大。自 2003 开始，孟加拉国海外务工人数呈逐年上升态势，并在 2007 年达到了近百万人，这也是 2003～2017 年海外务工人数的最高值。而后，受全球经济危机的影响，国际上对劳动力的需求下降，孟加拉国海外务工人数也呈波动下降趋势，直到 2016 年经济逐渐恢复，海外务工人数才恢复到 90 万人水平。孟加拉国海外务工汇款金额总体呈逐年上升的趋势，从 2003 年的 34 亿美元上升到了 2017 年的 155 亿美元，占同年孟加拉国 GDP 总量的 5.57%，但总体上占比呈下降趋势，且为近年来比例最低。

---

① 基尼系数表示在全体居民收入中，用于进行不平均分配的收入占总收入的百分比。

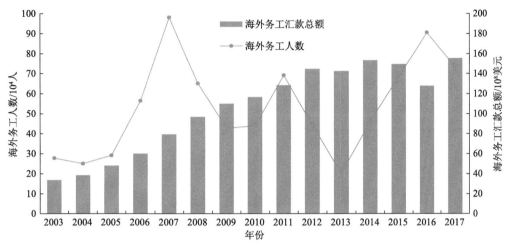

图 2-13　2003～2017 年孟加拉国海外务工人数及海外务工汇款总额的变化

从海外务工的国别分布来看，中东和东南亚地区为孟加拉国主要务工目的地。依据孟加拉国统计年鉴资料，2017 年孟加拉国海外务工人数为 73.42 万人，依据海外劳务输出的国别分布，绘制 2017 年孟加拉国海外务工人数前 10 名的国家（图 2-14）。由图 2-14

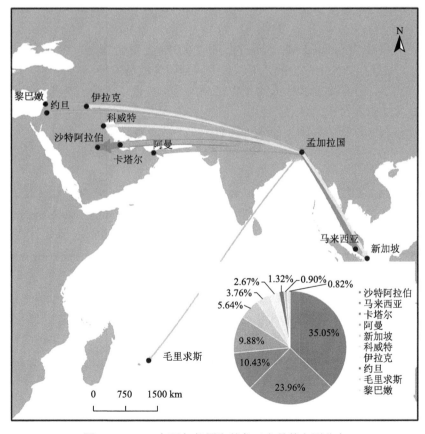

图 2-14　2017 年孟加拉国海外务工人员的主要分布

可知，中东地区的沙特阿拉伯、卡塔尔、阿曼，东南亚的马来西亚、新加坡，是孟加拉国海外劳务输出的主要国家。其中，前往沙特阿拉伯的海外务工人数为 26 万人，占比达到了 1/3，前往马来西亚的海外务工人数为 18 万人，约占 1/4，这两个国家是孟加拉国海外劳务输出的主要目的地。孟加拉国卓有成效的海外劳务输出也与政府采取的鼓励支持政策有关，如孟加拉国政府加强与劳务输入国的协调、简化出国务工手续、制定海外就业政策法规、方便国际汇款和加强劳工技能培训等，都为孟加拉国海外劳务输出提供了便利。

2.2 社会与经济

基于孟加拉国 2018 年统计年鉴和 1960～2018 年世界银行相关统计数据，融合地理信息数据、遥感监测数据，构建了社会经济发展水平综合评价模型，结合实地考察，以专区为基本研究单元，从人类发展水平、交通通达水平和城市化水平三方面出发，对孟加拉国各专区的社会经济发展水平进行了评价。

2.2.1 人类发展水平

人类发展指数（human development index，HDI）是联合国开发计划署（UNDP）在《1990 年人文发展报告》中提出的，用以衡量联合国各成员方经济社会发展水平的指标，是以"教育水平、预期寿命和收入水平"三项为基础变量，按照一定的计算方法得出的综合指标。本节首先讨论孟加拉国教育、医疗和收入各类指标近年的变化趋势，最后分级评价孟加拉国各专区的人类发展水平（You et al.，2022）。

1. 教育水平

孟加拉国成立初期，人口识字率很低，大多数为文盲。1981 年，该国成人识字率仅为 29.23%。基于此，历届政府都将发展教育事业和开发人力资源视为国家发展的主要战略之一（张汝德，2019）。根据孟加拉国宪法，所有 6～10 岁儿童都应接受免费教育。1991 年，孟加拉国政府宣布初等教育为对所有适龄儿童的义务教育。经过近几十年的不懈努力，孟加拉国的教育事业获得了很大发展。

近年来，孟加拉国教育水平获得大幅提升，青年识字率远高于成人识字率。由此可知，孟加拉国对于青少年的教育取得了一定成效。2011～2018 年，孟加拉国的成人识字率由 58.77% 增长至 73.91%，年均增长率为 3.33%。与此同时，孟加拉国的青年识字率由 77.98% 增长至 93.30%，年均增长率为 2.60%（图 2-15）。

截至 2011 年，孟加拉国的成人识字率为 51.77%。就分区而言，博里萨尔专区的识字率最高，为 56.75%，锡莱特专区的识字率最低，为 45.01%。就各县而言，恰洛加蒂县的识字率最高，达 66.68%，苏纳姆甘杰县的识字率最低，仅为 34.98%。

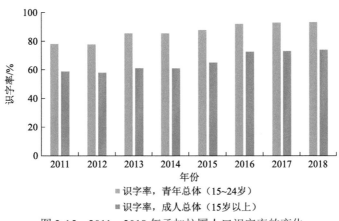

图 2-15　2011～2018 年孟加拉国人口识字率的变化

数据来源：世界银行

2. 预期寿命

1960～2018 年，孟加拉国人口的预期寿命持续增长。孟加拉国人口的预期寿命由 1960 年的 45 岁增长至 2018 年的 72 岁，年均增长率为 1.02%。根据时间跨度，可将其划分为三个阶段：第一阶段是 1960～1979 年，孟加拉国人口的预期寿命由 1960 年的 45 岁增长至 1979 年的 52 岁，年均增长率为 0.76%。第二阶段是 1980～1999 年，孟加拉国人口的预期寿命由 1980 年的 53 岁增长至 1999 年的 65 岁，年均增长率为 1.08%。第三阶段是 2000～2018 年，孟加拉国人口的预期寿命由 2000 年的 65 岁增长至 2018 年的 72 岁，年均增长率为 0.57%。

孟加拉国公立医院费用较低，但医疗条件较差，只能治疗一般常见病；私立医院条件较好，但是费用很高。孟加拉国没有公费医疗，也无强制购买医疗保险的规定，仅部分保险公司从事医疗保险业务。近十几年来，孟加拉国的医疗卫生事业得到发展：千人床位数从 1970 年的 0.16 张增加到 2015 年的 0.80 张，千人内科医生人数从 1965 年的 0.12 人增加到 2017 年的 0.53 人，千人护士和助产士人数从 2003 年的 0.27 人增加到 2017 年的 0.31 人，千人社区卫生服务人员数从 2004 年的 0.15 人增加到 2012 年的 0.48 人。

需要注意的是孟加拉国国民的预期寿命在 1966～1972 年期间有所缩短，其主要原因是该时段孟加拉地区正处于政治暴乱中，直至 1972 年 1 月孟加拉人民共和国才宣布正式成立，国家此后开始步入正轨（图 2-16）。

3. 收入水平

传统的经济结构中，孟加拉国第一产业占 GDP 比例较高，第二、第三产业占 GDP 比例较低。近年来，孟加拉国不断调整产业结构，大力发展成衣制造、服装加工等劳动密集型产业，降低第一产业比例，提高第二、第三产业比例，成效显著（蒋洪新，2019）。

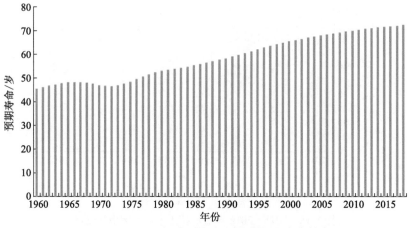

图 2-16　1960～2018 年孟加拉国国民预期寿命的变化

数据来源：世界银行

　　以 20 世纪 90 年代经济自由化改革为契机，孟加拉国摆脱了极度贫困，经济发展迅速。孟加拉国调整农业、工业、服务业三大产业结构，发展劳动密集型优势产业，同时注重发展商业、旅游业、新兴产业，逐渐发展为南亚新兴经济体（刘建，2021）。1960～2018 年，孟加拉国人均 GDP[①] 由 89.04 美元增加至 1991.48 美元（不到同时期中国人均 GDP 的 1/5），年均增长率为 5.21%。根据时间跨度，可将其划分为三个阶段：第一阶段是 1960～1979 年，孟加拉国人均 GDP 由 1960 年的 89.04 美元增加至 1979 年的 200.77 美元，年均增长率为 4.37%。第二阶段是 1980～1999 年，孟加拉国人均 GDP 由 1980 年的 227.75 美元增加至 1999 年的 409.54 美元，年均增长率为 3.14%。第三阶段是 2000～2018 年，孟加拉国人均 GDP 由 2000 年的 418.07 美元增加至 2018 年的 1991.48 美元，年均增长率为 8.10%（图 2-17）。

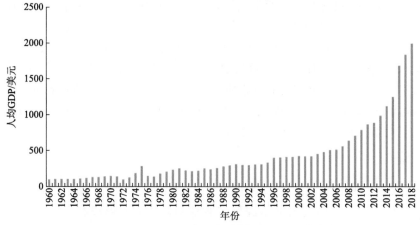

图 2-17　1960～2018 年孟加拉国人均 GDP 的变化

数据来源：世界银行

---

① 孟加拉国人均 GDP 以 2019 年现价美元为标准计算。

4. 人类发展水平

人类发展水平可以通过人类发展指数来表达。人类发展指数是以教育水平、预期寿命和收入水平三项为基础变量得出的综合性指数。根据丝路共建国家和地区（杨艳昭等，2024）的人类发展水平测算，2015 年其人类发展指数均值为 0.64；孟加拉国人类发展指数的均值为 0.39，属于低水平区域。为了进一步量化孟加拉国人类发展水平的区域差异，本节将区域内各栅格值进行标准化，使结果值映射到[0，1]之间。孟加拉国归一化人类发展指数均值为 0.48，中部地区人类发展水平整体较高，西北部和东北部人类发展水平较低（图 2-18）。

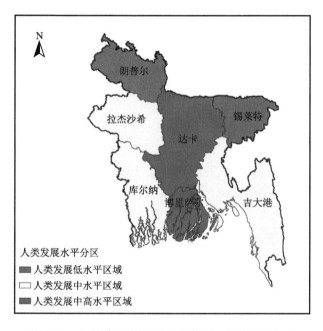

图 2-18　2015 年孟加拉国人类发展水平的空间分布

结果表明（表 2-3）：

（1）孟加拉国处于人类发展低水平区域的专区有 2 个，分别为朗普尔和锡莱特。其归一化人类发展指数均值为 0.11，是全国平均水平的 0.23 倍；占地面积为 1.26 万 km^2，占比为 8.54%；人口总计 2787.68 万人，占总人口 17.84%，人口密度为 2212.44 人/km^2。

（2）处于人类发展中水平区域的专区有 3 个，分别为吉大港、库尔纳和拉杰沙希。其归一化人类发展指数均值为 0.48，与全国平均水平相近；占地面积为 9.06 万 km^2，占比为 61.38%；人口总计 6790.27 万人，占总人口 43.46%，人口密度为 749.48 人/km^2。

（3）处于人类发展中高水平区域的专区有 2 个，分别为博里萨尔和达卡。其归一化人类发展指数均值为 0.84，是全国平均水平的 1.75 倍；占地面积为 4.44 万 km^2，占比为 30.08%；人口总计 6047.38 万人，占总人口 38.70%，人口密度为 1362.09 人/km^2。

表 2-3　2015 年孟加拉国各专区人类发展指数分类评价

分区	专区	数量	土地		人口		
			面积/万 km^2	占比/%	总量/万人	占比/%	密度/（人/km^2）
人类发展低水平区域	朗普尔、锡莱特	2	1.26	8.54	2787.68	17.84	2212.44
人类发展中水平区域	吉大港、库尔纳、拉杰沙希	3	9.06	61.38	6790.27	43.46	749.48
人类发展中高水平区域	博里萨尔、达卡	2	4.44	30.08	6047.68	38.70	1362.09

2.2.2　交通通达水平

孟加拉国地势平坦，河流密布，公路、铁路、水路均被广泛用于运输旅客和货物。在旅客运输方面，公路、水路和铁路分别占比 72%、17% 和 11%；在货物运输方面，它们的占比分别为 65%、28% 和 7%。本节首先对孟加拉国的交通便捷度和交通密度的分布进行分析，然后讨论孟加拉国各专区的交通通达指数（transportation accessibility index，TAI）并进行了分级评价（Shi H et al.，2019）。

1. 交通便捷度

交通便捷度是指各地到主要交通设施的综合便捷程度，可以用各地到道路、铁路、机场和港口的最短距离来衡量。2015 年孟加拉国平均归一化交通便捷指数为 0.55。其中，西北部的朗普尔专区归一化交通便捷指数最高，是全国平均水平的 1.82 倍；而中南部的博里萨尔专区归一化交通便捷指数最低，究其原因，是该地区现有公路较少，且新公路建设缓慢，缺乏铁路（图 2-19）。

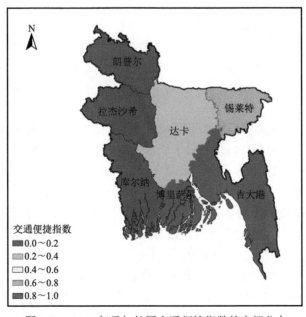

图 2-19　2015 年孟加拉国交通便捷指数的空间分布

就各项距离指数而言，2015 年朗普尔专区的道路和铁路便捷度最高，博里萨尔专区的道路和铁路便捷度最低；博里萨尔专区的航空便捷度最高，而达卡专区的航空便捷度最低；库尔纳专区的港口（本节仅考虑了靠海港口）便捷度最高，而内陆地区朗普尔的港口便捷度最低。从数值上来分析，孟加拉国到道路最短距离指数均值为 0.62，其中，道路便捷度最高的朗普尔专区是全国平均水平的 1.61 倍；孟加拉国到铁路最短距离指数均值为 0.67，其中，铁路便捷度最高的朗普尔专区是全国平均水平的 1.49 倍；孟加拉国到机场最短距离指数均值为 0.50，其中，航空便捷度最高的博里萨尔专区是全国平均水平的 1.5 倍；孟加拉国到港口最短距离指数均值为 0.61，其中，港口便捷度最高的库尔纳专区是全国平均水平的 1.64 倍。

就各专区距离指数而言，2015 年博里萨尔专区到机场和港口的最短距离指数都较高，但是由于道路分布稀疏，缺乏铁路，当地居民到道路和铁路的最短距离指数较低；吉大港专区到港口较为方便，到道路、铁路和机场的最短距离指数相对较低；达卡专区铁路设施较为完备，库尔纳专区港口、道路建设相对完善，拉杰沙希和朗普尔专区道路和铁路分布相对密集，而锡莱特专区到铁路和机场的最短距离指数较高（图 2-20）。

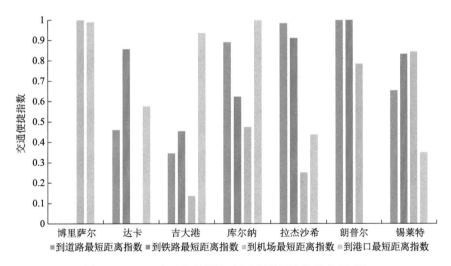

图 2-20　2015 年孟加拉国各专区交通便捷指数分项对比

2. 交通密度

交通密度是道路网、铁路网和水网密度的综合表征。2015 年孟加拉国平均归一化交通密度指数为 0.52。其中，北部的朗普尔专区归一化交通密度指数最高，与交通便捷指数排名相同，是全国平均水平的 1.92 倍；而中南部的博里萨尔专区归一化交通密度指数最低，究其原因是该地区现有公路较少，且新公路建设缓慢，缺乏铁路（图 2-21）。

就各项密度指数而言，朗普尔专区的道路和铁路密度指数最高，博里萨尔专区的道路和铁路密度指数最低；库尔纳专区水路密度指数最高，而吉大港和锡莱特专区水路密度指数最低。从数值上来看，孟加拉国的道路密度指数均值为 0.37，道路密度指数最高的朗普尔专区是全国平均水平的 2.70 倍；孟加拉国的铁路密度指数均值为 0.58，铁路密度指数最高的朗普尔专区是全国平均水平的 1.72 倍；孟加拉国的水路密度指数均值为 0.37，水路密度指数最高的库尔纳专区是全国平均水平的 1.72 倍。

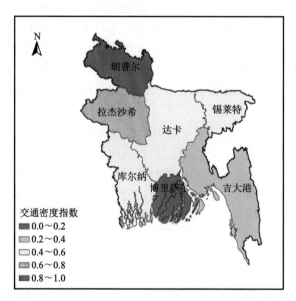

图 2-21　2015 年孟加拉国交通密度指数的空间分布

就各专区密度指数而言，博里萨尔专区由于道路分布稀疏，缺乏铁路，当地道路和铁路密度在 7 大区里最低；吉大港专区的铁路密度指数较其他两项密度指数高；达卡专区铁路设施较为完备，库尔纳专区水路密度指数最高，拉杰沙希和朗普尔专区道路和铁路分布较为密集，而锡莱特专区的铁路密度指数较高（图 2-22）。

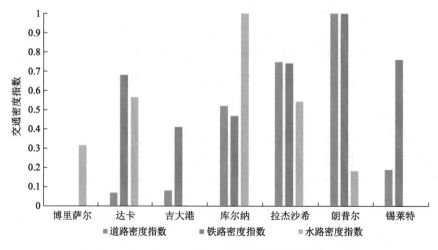

图 2-22　2015 年孟加拉国各专区交通密度指数分项对比

3. 交通通达水平

交通通达水平是反映区域交通设施通达程度的综合表征，是交通便捷度和交通密度的数学叠加。2015 年丝路共建国家和地区交通通达指数均值为 0.48，孟加拉国交通通达指数的均值为 0.53，属于中水平区域。为了进一步量化孟加拉国交通通达水平的区域差异，本节将区域内各栅格值进行标准化，使结果值映射到[0，1]，孟加拉国归一化交通通达指数均值为 0.53，西北部地区交通通达整体水平较高，东南部交通通达水平较低；各专区交通通达水平差异大，1/4 地区属于交通通达中高水平区域（图 2-23）。

图 2-23　2015 年孟加拉国交通通达水平的空间分布

以上分析表明（表 2-4）：

（1）孟加拉国处于交通通达低水平区域的专区有 2 个，分别为博里萨尔和吉大港，其归一化交通通达指数均值为 0.12，是全国平均水平的 0.23 倍，占地面积为 4.71 万 km²，占比为 31.91%，人口总计 3986.44 万人，占总人口的 25.51%，人口密度为 846.38 人/km²。

（2）处于交通通达中水平区域的专区有 3 个，分别为达卡、库尔纳和锡莱特，其归一化交通通达指数均值为 0.57，略高于全国平均水平，占地面积为 6.61 万 km²，占比为 44.78%，人口总计 7921.35 万人，占总人口的 50.69%，人口密度为 1198.39 人/km²。

（3）有 2 个区处于交通通达中高水平区域，分别为拉杰沙希和朗普尔，其归一化交通通达指数均值为 0.90，是全国平均水平的 1.67 倍，占地面积为 3.44 万 km²，占比为 23.31%，人口总计 3717.84 万人，占总人口 23.79%，人口密度为 1080.77 人/km²。

表 2-4　2015 年孟加拉国各专区交通通达水平分类评价

分区	专区	数量	土地		人口		
			面积 /万 km²	占比 /%	总量 /万人	占比 /%	密度 /（人/km²）
交通通达低水平区域	博里萨尔、吉大港	2	4.71	31.91	3986.44	25.51	846.38
交通通达中水平区域	达卡、库尔纳、锡莱特	3	6.61	44.78	7921.35	50.69	1198.39
交通通达中高水平区域	拉杰沙希、朗普尔	2	3.44	23.31	3717.84	23.79	1080.77

2.2.3　城市化水平

城市化水平可以用人口城市化率和土地城市化率来体现，通过城市化指数（urbanization index，UI）来表达。本节首先对孟加拉国的城市人口和城市用地占比进行分析，然后根据归一化城市化指数，对孟加拉国各专区的城市化水平进行分级评价。

1. 人口城市化及土地城市化

从人口城市化看，孟加拉国城镇人口虽然占比较低，但增长迅猛。1960～2018 年，孟加拉国的城镇人口由 1960 年的 246.55 万人增长至 2018 年的 5910.79 万人，年均增长率为 5.63%。具体分析见本章第一节第三部分。

从土地城市化看，孟加拉国土地城市化率比较低，农业是国民经济的重要基础。截至 1980 年，孟加拉国耕地面积高达 68%，城市用地占比很低。2000 年以来，各专区城市土地比例增长显著，朗普尔和拉杰沙希年均增长率最高（图 2-24）。

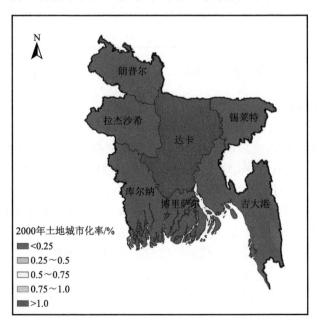

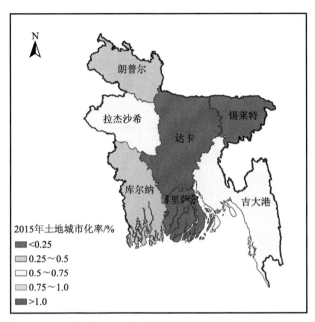

图 2-24　2000 年和 2015 年孟加拉国土地城市化率的空间分布

2015 年，孟加拉国平均土地城市化率为 0.78%，与 2000 年相比，增长了约 0.61 个百分点，年均增长率为 10.69%；其中，达卡专区土地城市化率最高，从 2000 年的 1.85%增长至 2015 年的 19.52%，年均增长率为 17.01%；拉杰沙希专区从 2000 年的 0.04%增长至 2015 年的 0.73%，年均增长率为 21.36%；吉大港专区从 2000 年的 0.17%增长至 2015年的 0.59%，年均增长率为 8.65%；朗普尔专区从 2000 年的 0.02%增长至 2015 年的 0.43%，年均增长率为 22.70%；库尔纳专区从 2000 年的 0.05%增长至 2015 年的 0.36%，年均增长率为 14.07%；博里萨尔专区从 2000 年的 0.02%增长至 2015 年的 0.25%，年均增长率为 18.34%；而锡莱特专区土地城市化率增长最少，从 2000 年的 0.06%增长至 2015 年的 0.20%，年均增长率为 8.36%。

2. 城市化水平

丝路共建国家和地区城市化指数 2015 年均值为 0.15，孟加拉国城市化指数均值为 0.18，属于中水平区域。为了进一步量化孟加拉国城市化水平的区域差异，本节将区域内各栅格值进行标准化，使结果值映射到[0, 1]，孟加拉国归一化城市化指数均值为 0.56。总体上看，各专区城市化水平差异大，1/4 地区属于城市化中高水平区域；中东部地区城市化整体水平较高，西南部城市化水平较低（图 2-25）。

研究表明（表 2-5）：

（1）孟加拉国处于城市化低水平区域的专区有 2 个，分别为博里萨尔和库尔纳。其归一化城市化指数均值为 0.18，是全国平均水平的 0.32 倍；占地面积为 3.55 万 km²，占比为 24.05%；人口总计 2604.94 万人，占总人口 16.67%，人口密度为 733.79 人/km²。

（2）处于城市化中水平区域的专区有 3 个，分别为吉大港、拉杰沙希和朗普尔。其归一化城市化指数均值为 0.60，略高于全国平均水平；占地面积为 6.82 万 km²，占比为 46.21%；人口总计 6801.12 万人，占总人口 43.53%，人口密度为 997.23 人/km²。

（3）有 2 个区处于城市化中高水平区域，分别为达卡和锡莱特。其归一化城市化指数均值为 0.90，是全国平均水平的 1.61 倍；占地面积为 4.39 万 km²，占比为 29.74%；人口总计 6219.57 万人，占总人口 39.80%，人口密度为 1416.76 人/km²。

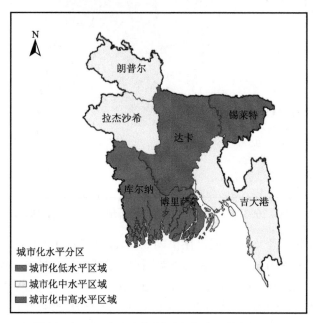

图 2-25　2015 年孟加拉国城市化水平的空间分布

表 2-5　孟加拉国各专区城市化水平分类评价

分区	专区	数量	土地		人口		
			面积/万 km²	占比/%	总量/万人	占比/%	密度/（人/km²）
城市化低水平区域	博里萨尔、库尔纳	2	3.55	24.05	2604.94	16.67	733.79
城市化中水平区域	吉大港、拉杰沙希、朗普尔	3	6.82	46.21	6801.12	43.53	997.23
城市化中高水平区域	达卡、锡莱特	2	4.39	29.74	6219.57	39.80	1416.76

2.2.4　社会经济发展综合水平

社会经济发展综合水平用社会经济发展指数来计量。社会经济发展指数是以人类发展水平、交通通达水平和城市化水平三项作为基础变量计算得出的综合性指数。2015 年丝路共建国家和地区社会经济发展指数均值为 0.08，孟加拉国的均值为 0.06，属于中低水平区域。为了进一步量化孟加拉国社会经济发展水平的区域差异，本节将区域内各栅格值进行标准化，使结果值映射到[0, 1]。孟加拉国归一化社会经济发展指数均值为 0.33，社会经济发展水平存在严重的两极化趋势；达卡专区社会经济发展水平远高于其他地区，西部社会经济总体水平高于东部地区（图 2-26 和表 2-6）。

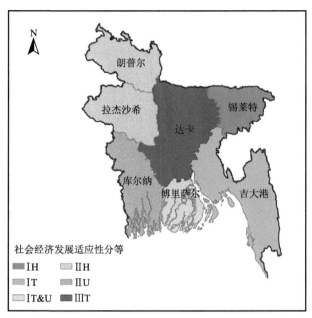

图 2-26　孟加拉国社会经济发展水平的空间分布

表 2-6　孟加拉国各专区社会经济发展水平分类评价

分类		专区	数量	土地		人口		
				面积/万 km²	占比/%	总量/万人	占比/%	密度/(人/km²)
低水平社会经济发展区域（I）	H 限制型	锡莱特	1	1.26	8.54	1075.04	6.88	853.21
	T 限制型	吉大港	1	3.39	22.97	3083.28	19.73	909.52
	T&U 限制型	博里萨尔	1	1.32	8.94	903.15	5.78	684.21
		小计	3	5.97	40.45	5061.49	32.39	847.82
中水平社会经济发展区域（II）	H 限制型	拉杰沙希、朗普尔	2	3.44	23.31	3717.84	23.79	1080.77
	U 限制型	库尔纳	1	2.23	15.11	1701.78	10.89	763.13
		小计	3	5.67	38.41	5419.62	34.68	955.84
中高水平社会经济发展区域（III）	T 限制型	达卡	1	3.12	21.14	5144.52	32.92	1648.88

（1）低水平社会经济发展区域（I）有 3 个专区，占地面积为 5.97 万 km²，面积占比为 40.45%；人口总计 5061.49 万人，占总人口 32.39%，人口密度为 847.82 人/km²。其中，锡莱特专区受人类发展水平限制（I H），该专区人类发展指数是七大专区里最低的，占地面积为 1.26 万 km²，面积占比为 8.54%，人口总量为 1075.04 万人，人口占比为 6.88%，人口密度为 853.21 人/km²；吉大港专区受交通通达水平限制（I T），归一化

交通通达指数为 0.23，不到全国平均水平的一半。该专区占地面积为 3.39 万 km²，面积占比为 22.97%，人口总量为 3083.28 万人，人口占比为 19.73%，人口密度为 909.52 人/km²；博里萨尔专区同时受到交通通达水平和城市化水平限制（Ⅰ T&U），交通通达指数和城市化指数都是七大专区里最低的，占地面积为 1.32 万 km²，面积占比为 8.94%，人口总量为 903.15 万人，人口占比为 5.78%，人口密度为 684.21 人/km²。

（2）处于中水平社会经济发展的区域（Ⅱ）有 3 个专区，占地面积为 5.67 万 km²，面积占比为 38.41%，人口总计 5419.62 万人，占总人口 34.68%，人口密度为 955.84 人/km²。其中，拉杰沙希和朗普尔专区受人类发展水平限制（ⅡH），归一化人类发展指数均值为 0.29，是全国平均水平的 0.60 倍，占地面积为 3.44 万 km²，面积占比为 23.31%，人口总量为 3717.84 万人，人口占比为 23.79%，人口密度为 1080.77 人/km²；库尔纳专区受城市化水平限制（ⅡU），归一化城市化指数为 0.35，是全国平均水平的 0.63 倍。该专区占地面积为 2.23 万 km²，面积占比为 15.11%，人口总量为 1701.78 万人，人口占比为 10.89%，人口密度为 763.13 人/km²。

（3）处于中高水平社会经济发展的区域（Ⅲ）只有达卡专区，占地面积为 3.12 万 km²，面积占比为 21.14%，人口总计 5144.52 万人，占总人口 32.92%，人口密度为 1648.88 人/km²。孟加拉国首都和第一大城市达卡就在该专区内，是全国政治、经济、文化中心。

2.3 问题与对策

2.3.1 关键问题

孟加拉国自成立以来，尽管在医疗、教育、交通、城市化等方面取得了较大发展，但是仍然存在以下突出、亟待解决的问题。

第一，整体缺乏高素质劳动力，人类发展水平落后。孟加拉国虽然人口众多，但缺乏高水平、高素质的劳务人员，缺乏各种研究机构，用于研究开发的财政预算匮乏。截至 2018 年，孟加拉国的成人识字率仅为 73.91%，而中国成人识字率已达到 97%。此外，由于孟加拉国地处热带和亚热带，气候湿热多雨，水患频发，因而很容易滋生和传播各种疾病。但截至 2015 年，孟加拉国全国千人床位数不到 1，截至 2017 年，千人内科医生数仅为 0.53，千人护士和助产士数为 0.31。

第二，交通基础设施仍有待完善，特别是东南部地区，如博里萨尔专区和吉大港专区，其交通通达指数均值不到全国平均水平的 1/4。此外，由于孟加拉国河流众多，雨季容易发生洪灾，许多公路路段不时被冲毁，需要不断维修。由于一些河道不断变迁，修建连接孟加拉国东西部之间的桥梁代价高昂。轮渡系统虽然可靠，但天气恶劣时存在安全隐患，不时发生沉船事故，极易造成重大生命财产损失。

第三，孟加拉国部分专区城市化进程较慢，重工业薄弱，制造业欠发达，从业人口约占全国总劳动力的 8%。博里萨尔和库尔纳归一化城市化指数均值不到全国平均水平的 1/3。此外，虽然孟加拉国是一个在旅游业方面拥有丰富资源和巨大潜力的国家，但不少旅游景点和配套基础设施建设落后，如路况不好、住宿条件简陋、旅游商品种类较少，在一定程度上限制了旅游业的发展。

2.3.2　对策建议

进入新世纪以来，孟加拉国人口持续增长但增速不断下降，通过经济调整和转型，经济取得了良好的发展，但仍有很大的发展空间。结合孟加拉国的人口与社会经济发展现状提出以下建议。

第一，继续坚持控制人口和生育计划，发展教育资源，实现人口高质量增长。孟加拉国长期坚持的控制人口政策已取得了明显成效，未来注重发展教育，把科技和教育摆在经济、社会发展的重要位置，增强国家的科技实力和科学技术向现实生产力转化的能力，提高科技对经济的贡献率，提高全民族的科技文化素质，把经济建设转移到依靠科技进步和提高劳动者素质的轨道上来。大力建设医疗卫生事业，改善相关基础设施，建立完整的医疗卫生体系。

第二，积极参与"一带一路"建设，引进中国资本和技术，通过灵活的资金信贷安排，发展孟加拉国交通。提高发展质量和综合效率，积极发挥不同运输方式的比较优势，提供交通运输保障，更好地服务本国经济发展。交通运输、水、电和通信等基础设施是企业经济活动投入的中间要素，基础设施提高了市场的运行效率，交通、通信增加了货物和服务的流动性。这些基础设施服务成本的任何降低都将有利于企业扩大生产，从而增加企业的赢利能力。

第三，加强国际合作，扩大向中国的相关农产品出口，引入中国相关转移产业，同时进一步扩大向重点国家的劳务输出。此外，还可以进一步发展和完善旅游业。旅游业作为国民经济新的增长点，不仅在拉动内需、推进产业结构调整、促进贫困地区发展、提高人民生活质量等方面做出了突出贡献，在扩大社会就业、缓解就业压力方面也发挥了突出作用。

2.4　本章小结

本章从人口规模与人口政策、人口分布与分区特征、人口结构与人口素质、海外务工人口及其效益方面，分析了孟加拉国近年人口现状与发展变化特征；以人类发展水平、交通通达水平、城市化水平三个方面的评价为基础，综合评价了孟加拉国社会与经济发展的区域差异；基于以上分析结论，提出了孟加拉国的人口与社会经济发展存在的问题与对策建议。

本章基本结论如下：

（1）孟加拉国是人口规模达 1.61 亿的世界第八人口大国，且人口持续较快增长，人口密度整体较高，除南部山区库尔纳和博里萨尔人口密度及人口增速相对较低外，其他专区均为极高密度高速增长。孟加拉国人口结构为年轻型，男女性别比较为均衡，但人口素质有待提高。达卡和吉大港是孟加拉国的主要大城市，国内较高的生存和就业压力使得孟加拉国成为国际劳务输出大国。

（2）孟加拉国社会经济发展水平在丝路共建国家和地区中处于中低水平，内部存在严重的两极化趋势，达卡专区社会经济发展水平远高于其他地区，且西高东低态势明显。从分项指数看，与丝路共建国家和地区相比，孟加拉国的人类发展水平属于低水平区域，交通和城市化属于中水平区域。

（3）人口较快增长且素质不高，教育水平低下，基础设施落后等是孟加拉国社会经济发展面临的主要问题。因此，该国有必要坚持控制人口增长政策，避免人口过快增长；同时要加强基础教育和职业教育，努力提高劳动力素质，为产业升级提供坚实的保障；要从交通设施、教育资源及产业化布局方面，缩小区域差异，实现均衡发展。同时，对接中国"一带一路"倡议，扩大农产品出口，引入相关转移产业，扩大向信仰伊斯兰教国家的劳务输出，不失为提升孟加拉国经济社会水平的重要途径。

参 考 文 献

蔡玲. 1998. 孟加拉国的劳务输出. 国际经济合作, (9): 46-47.

封志明, 刘东, 杨艳昭. 2009. 中国交通通达度评价: 从分县到分省. 地理研究, 28(2): 419-429.

封志明, 游珍, 杨艳昭, 等. 2021. 基于三维四面体模型的西藏资源环境承载力综合评价. 地理学报, 76(3): 645-662.

蒋洪新. 2019. 孟加拉国经济与社会发展: 奇迹与挑战. 长沙: 湖南人民出版社.

李建军, 杜宏. 2017. 浅析近年来孟加拉国经济发展及前景. 南亚研究季刊, 171(4): 65-74, 5-6.

刘建. 2021. 孟加拉国（第二版）. 北京: 社会科学文献出版社.

杨艳昭, 封志明, 张超, 等. 2024. 绿色丝绸之路: 土地资源承载力评价. 北京: 科学出版社.

张汝德. 2019. 当代孟加拉国. 成都: 四川人民出版社.

张淑兰, 刘淼, 戴利, 等. 2019. "一带一路"国别概览 孟加拉国. 大连: 大连海事大学出版社.

Carrico A R, Donato K M, Best K B, et al. 2020. Extreme weather and marriage among girls and women in Bangladesh. Global Environmental Change, 65: 102160.

Chacon-Hurtado D, Kumar I, Gkritza K, et al. 2020. The role of transportation accessibility in regional economic resilience. Journal of Transport Geography, 84: 102695.

Shi H, You Z, Feng Z M, et al. 2019. Numerical Simulation and Spatial Distribution of Transportation Accessibility in the Regions Involved in the Belt and Road Initiative. Sustainability, 11(22): 6187.

You Z, Shi H, Feng Z M, et al. 2022. Assessment of the socioeconomic development levels of six economic corridors in the Belt and Road region. Journal of Geographical Sciences, 32(11): 2189-2204.

第3章 人居环境适宜性评价与适宜性分区

孟加拉国人居环境适宜性评价与适宜性分区，是在基于地形起伏度的地形适宜性评价、基于温湿指数的气候适宜性评价、基于水文指数的水文适宜性评价、基于地被指数的地被适宜性评价 4 个单要素自然适宜性评价的基础上，利用地形起伏度、温湿指数、水文指数、地被指数加权构建人居环境指数，同时根据地形适宜性、气候适宜性、水文适宜性与地被适宜性 4 个单要素自然适宜性分区评价结果进行因子组合，基于人居环境指数与因子组合相结合的方法完成孟加拉国人居环境适宜性评价[①]。人居环境适宜性评价是开展区域资源环境承载力评价的基础，旨在摸清区域资源环境的承载"底线"。

3.1 地形起伏度与地形适宜性

地形适宜性（suitability assessment of topography，SAT）是人居环境自然适宜性评价的基础与核心内容之一，其着重探讨一个区域地形地貌特征对该区域人类生活、生产与发展的影响与制约。地形起伏度（relief degree of land surface，RDLS），又称地表起伏度，是区域海拔高度和地表切割程度的综合表征。作为影响区域人口分布的重要因素之一，本节将其纳入孟加拉国人居环境地形适宜性评价体系。在系统梳理国内外地形起伏度研究的基础上，本节采用全球数字高程模型数据（ASTER GDEM，http://reverb.echo.nasa.gov/reverb/）构建人居环境地形适宜性评价模型，利用 ArcGIS 空间分析等方法，提取孟加拉国 1km×1km 栅格大小的地形起伏度，并从海拔、高差与平地等方面开展孟加拉国人居环境地形适宜性评价与适宜性分区研究。具体方法流程可参考《绿色丝绸之路：人居环境适宜性评价》（封志明等，2022）。

3.1.1 概况

地形起伏度试图定量刻画区域地形地貌特征，可以通过海拔、相对高差和平地比例等基础地理数据来定量表达。本书获取了孟加拉国的平均海拔、相对高差与平地及其空间分布状况，为地形起伏度分析研究提供了基础。

1. 孟加拉国平均海拔为 27m，50m 以下土地占七成以上

根据海拔统计分析，孟加拉国地势平坦，冲积平原、三角洲广布，平均海拔为 27m

---

① 本章涉及人口数据均基于 2015 年孟加拉国人口栅格数据计算获得。

（图 3-1）。其中，海拔 50m 以下的地区面积占比达 70%以上，主要分布在恒河、布拉马普特拉河沿岸平原等，以达卡专区、吉大港专区为主。海拔 50~200m 的地区面积占比为 27.16%，主要集聚在朗普尔北部和吉大港东部地区。海拔 500m 以上的地区不足 1%，零星分布于东南部若开山脉-吉大港丘陵地区。

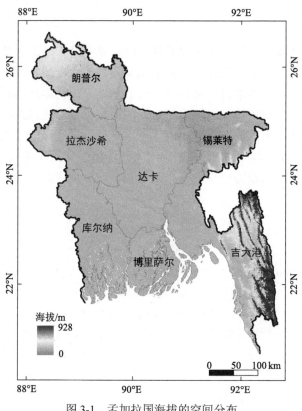

图 3-1　孟加拉国海拔的空间分布

2. 孟加拉国相对高差不足 35m，平地占近九成

基于相对高差和平地统计分析，孟加拉国平均相对高差不足 35m，平地 25km² 内的相对高差不超过 30m 占全境的 87.4%。孟加拉国平原广布，以恒河平原与布拉马普特拉河平原为主。

3.1.2　地形起伏度

在孟加拉国 ASTER GDEM 数据基础上，根据其地形分布特征，基于海拔、高差与平地等要素，采用窗口分析法与条件函数等空间分析方法，对孟加拉国的地形起伏度进行提取分析。

1. 孟加拉国平均地形起伏度为 0.03，最高为 1.68，最低为-0.01

基于地形起伏度统计分析，孟加拉国地形起伏度以低值为主（图 3-2），平均地形起伏度仅 0.03，地形起伏度介于 −0.01～1.68，地域差异相对较小。低地形起伏度值在空间上呈连片分布，集中分布在广大中西部平原地区和南部沿海地区，以恒河平原、布拉马普特拉河平原及其支流河谷地区为主。相对高值则集聚于东南部的丘陵地区。

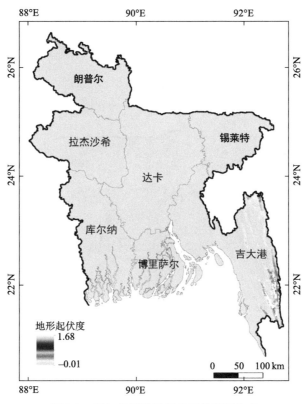

图 3-2   孟加拉国地形起伏度的空间分布

2. 地形起伏度地域差异小，70%以上的人口集中分布在起伏度 0.1 以下区域，面积占比超过 9/10

统计表明，当地形起伏度为 0.1 时（即 RDLS≤0.1），土地占比达 95.5%，相应人口占 68.53%。在 RDLS 为 0.2 时（即 RDLS≤0.2），其土地占比超过 98%，人口数量占比超过 99%。当 RDLS 大于 1.0 时，土地仅占 0.62%，2015 年人口数量占比不足 0.01%。就专区而言，吉大港的平均地形起伏度最高，为 0.10，其地形起伏度介于 0～1.68，人口占全境的 19.7%；达卡的人口占比全国最高，约为 1/3，其地形起伏度介于 −0.01～0.09；拉杰沙希的地形起伏度介于 0～0.04，人口约占孟加拉国的 12.9%；博里萨尔的地形起伏度介于 0～0.02，人口占全国的 5.7%；库尔纳的地形起伏度介于 0.01～0.02，人口占 10.9%；朗普尔的地形起伏度介于 0.01～0.10，人口占孟加拉国的 11.0%；锡莱特的地形起伏度介于 −0.01～1.18，人口占全国的 6.9%。

3.1.3 地形适宜性评价

根据孟加拉国地形起伏度空间分布特征，本节完成孟加拉国地形起伏度的人居环境地形适宜性评价和适宜性分区（图 3-3 和表 3-1）。结果表明，孟加拉国均为地形适宜地区，其中地形高度适宜地区占比达 98%以上。

图 3-3　孟加拉国地形适宜性的空间分布

1. 地形高度适宜地区：占地达 98%，相应人口超 99%

基于地形起伏度的人居环境自然适宜性评价结果表明，孟加拉国的高度适宜地区土地面积为 $14.47\times10^4km^2$，超过全国国土总面积的 98%；相应人口占比达全境的 99.98%，为 156.22×10^6 人。"高度适宜"是孟加拉国比例最大的地形适宜性类型，空间上在全境均有分布（图 3-3），集中连片分布于广大中西部的恒河平原和南部沿海地区。就专区而言，除吉大港外，达卡、拉杰沙希和博里萨尔等其余 6 个专区均为高度适宜地区。该区域的地形起伏度较低，地势低平，加上水热条件优越、光照充足、交通便利，大多是孟加拉国的人口与产业集聚地区，人类活动频繁。

2. 地形比较适宜地区：占地不到 2%，相应人口不足千分之一

基于地形起伏度的人居环境自然适宜性评价结果表明，孟加拉国比较适宜地区土地面积为 0.20×10⁴km²，约为全境的 1.34%；相应人口为 0.02×10⁶ 人，约为全境的 0.01%。孟加拉国的"比较适宜"地区在空间上高度集聚于吉大港东南部与缅甸毗邻地区，呈条带状分布（图 3-3）。该区域主要为丘陵地带，属于若开山脉延伸部分，人口相对集中。

3. 地形一般适宜地区：占地不足 1%，相应人口不足千分之一

基于地形起伏度的人居环境自然适宜性评价结果表明，孟加拉国一般适宜地区土地面积为 0.09×10⁴km²，约占全境的 0.61%；相应人口不足 0.01×10⁶ 人，约为全境的 0.01%。孟加拉国的一般适宜地区在空间上毗邻比较适宜地区（图 3-3），主要分布在吉大港东南角，即孟缅边境，人地比例相对适宜。

表 3-1 孟加拉国地形适宜性评价结果

专区	高度适宜地区		比较适宜地区		一般适宜地区	
	土地/%	人口/%	土地/%	人口/%	土地/%	人口/%
达卡	100	100	0	0	0	0
吉大港	91.17	99.89	6.06	0.08	2.77	0.03
拉杰沙希	100	100	0	0	0	0
博里萨尔	100	100	0	0	0	0
库尔纳	100	100	0	0	0	0
朗普尔	100	100	0	0	0	0
锡莱特	100	100	0	0	0	0
孟加拉国	98.05	99.98	1.34	0.01	0.61	0.01

3.2 温湿指数与气候适宜性

气候适宜性评价（suitability assessment of climate，SAC）是人居环境适宜性评价的一项重要内容。本节利用气温和相对湿度数据计算出孟加拉国的温湿指数，并采用地理空间统计的方法，开展孟加拉国的人居环境气候适宜性评价。本节所采用的气温数据源自瑞士联邦研究所提供的地球陆表高分辨率气候数据（the climatologies at high resolution for the earth's land surface，CHELSA）（Karger et al.，2017），相对湿度数据来自国家气象科学数据中心。

3.2.1 概况

气温和相对湿度是计算温湿指数的基础气候要素，研究分析孟加拉国的气温和相对湿度的空间分布状况，为温湿指数分析提供研究基础。

1. 孟加拉国各地区年均气温介于21～26℃，超过80%的人口分布于年均气温为25℃的地区

根据多年平均温度数据统计，孟加拉国年均气温为25℃，各地区年均气温介于21～26℃，整体上呈现由北向南递减的空间分布规律。年均温度低于25℃的地区面积占比为13.24%，人口占比为8.99%，该部分地区主要分布在朗普尔专区西北部大部分地区、拉杰沙希专区的北端以及吉大港专区东部海拔相对较高的山地地区。年均气温高于25℃的地区面积占比为4.96%，相应人口占比为3.41%，主要分布在库尔纳专区和博里萨尔专区的南部、吉大港专区西南部等低纬度的孟加拉湾沿岸地区。孟加拉国81.81%的地区年均温度为25℃，主要位于拉杰沙希专区南部大部分地区，锡莱特专区、库尔纳专区、博里萨尔专区北部大部分地区，吉大港专区中部及北部大部分地区以及整个达卡专区，全国有87.60%的人口聚集在这些地区。

2. 孟加拉国各地区年均相对湿度介于69%～79%，近90%的人口分布于相对湿度介于73%～76%的地区

孟加拉国年均相对湿度为75%，各地区年均相对湿度介于69%～79%，整体上呈中部低南北高的空间分布态势。年均相对湿度低于72%的地区面积占比仅为0.31%，几乎无人口分布，主要位于吉大港专区东南角山地地区。年均相对湿度为72%的地区面积占比仅为3.34%，主要分布在达卡专区中部的平原河谷地区，该地区是孟加拉国首都达卡所在地，社会经济相对发达，因此人口密度大，人口占比高达11.26%。孟加拉国86.77%的地区年均相对湿度介于73%～76%，相应人口占比为79.46%，广泛分布于各个地区。年均相对湿度高于76%的地区面积占比约为9.58%，人口比例为9.28%，主要分布在朗普尔专区的东北部地区以及吉大港专区西南部的孟加拉湾沿岸地区。

3.2.2　温湿指数

基于平均气温和相对湿度数据，计算孟加拉国温湿指数。结果表明，孟加拉国平均温湿指数为74，各地温湿指数范围为66～76，均属于气候较为舒适地区，整体上温湿指数呈现出由北向南递增的空间分布趋势（图3-4）。温湿指数为66～72的气候较暖、体感非常舒适的地区面积占比为0.88%，相应人口占比为0.01%，主要分布在吉大港专区北部和东南部山地地区。温湿指数为72～74的地区面积占比为28.70%，相应人口占比达25.03%，主要分布在拉杰沙希专区、锡莱特专区北部、达卡专区的北部和南部、库尔纳专区东部、博里萨尔专区东北部、吉大港专区北部和东南部山地地区以及朗普尔专区。温湿指数为74及以上的地区面积占比为70.42%，相应人口占比为74.96%，除朗普尔专区外，其余各专区均有大范围分布。

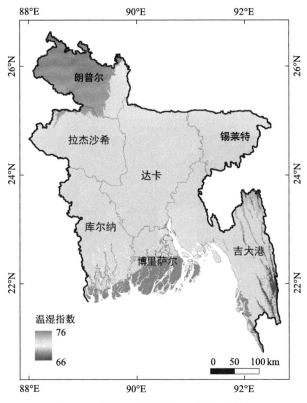

图 3-4　孟加拉国温湿指数的空间分布

3.2.3　气候适宜性评价

根据人居环境气候适宜性分区标准，完成孟加拉国基于温湿指数的人居环境气候适宜性评价和适宜性分区（图 3-5 和表 3-2）。结果表明，孟加拉国属于气候适宜地区，其中 94.54% 的地区属于气候比较适宜地区，相应人口占比高达 96.75%。

1. 气候高度适宜地区：面积占比不足百分之一，人口占比不足千分之一

基于温湿指数的人居环境自然适宜性评价结果表明，孟加拉国高度适宜地区土地面积为 $0.13 \times 10^4 \mathrm{km}^2$，占全国土地总面积的 0.86%；相应人口占全国人口的 0.01%，仅 0.01×10^6 人。根据图 3-5 可知，孟加拉国的高度适宜地区主要分布在吉大港专区北部和东南部的山地地区。就专区而言，除吉大港外，其余 6 个专区均无高度适宜地区。

2. 气候比较适宜地区：面积占比超 90%，人口占比高达 96.75%

基于温湿指数的人居环境自然适宜性评价结果表明，孟加拉国比较适宜地区土地面积为 $13.95 \times 10^4 \mathrm{km}^2$，约为全国的 94.54%；相应人口为 151.18×10^6 人，约为全域的 96.75%。

孟加拉国的比较适宜地区是占比最大的气候适宜性类型，空间上广泛分布于各专区内。就专区而言，吉大港、库尔纳和博里萨尔气候比较适宜地区面积占比分别为92.41%、93.83%和53.73%，主要分布在北部内陆地区，人口占比分别为94.39%、99.99%和61.22%，其余4个专区均为气候比较适宜地区。

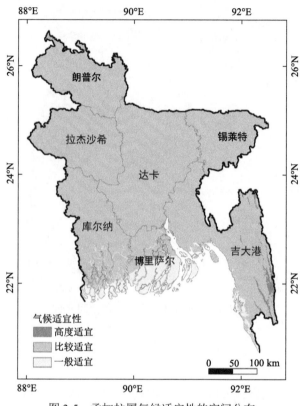

图 3-5　孟加拉国气候适宜性的空间分布

表 3-2　孟加拉国气候适宜性评价结果

专区	高度适宜地区		比较适宜地区		一般适宜地区	
	土地/%	人口/%	土地/%	人口/%	土地/%	人口/%
达卡	0	0	100	100	0	0
吉大港	3.96	0.04	92.41	94.39	3.63	5.58
拉杰沙希	0	0	100	100	0	0
博里萨尔	0	0	53.73	61.22	46.27	38.78
库尔纳	0	0	93.83	99.99	6.17	0.01
朗普尔	0	0	100	100	0	0
锡莱特	0	0	100	100	0	0
孟加拉国	0.86	0.01	94.54	96.75	4.60	3.24

3. 气候一般适宜地区：面积占比不足 5%，人口占比仅为 3.24%

基于温湿指数的人居环境自然适宜性评价结果表明，孟加拉国一般适宜地区土地面积为 $0.68×10^4km^2$，约占全国的 4.60%；相应人口不足 $5.07×10^6$ 人，约为全域的 3.24%。孟加拉国的气候一般适宜地区主要分布在吉大港、库尔纳和博里萨尔专区（图 3-5）。就专区而言，吉大港、库尔纳和博里萨尔气候一般适宜地区面积占比分别为 3.63%、6.17%、46.27%，人口占比分别为 5.58%、0.01%、38.78%，主要分布在南部孟加拉湾沿岸地区。该类地区由于年均温高，湿度较大，气候炎热，因此人口密度相对较低。

3.3 水文指数与水文适宜性

水文适宜性评价（suitability assessment of hydrology，SAH）是人居环境自然适宜性评价的基础内容之一，着重探讨一个区域水文特征对该区域人类生活、生产与发展的影响与制约。水文指数，或称地表水丰缺指数（land surface water abundance index，LSWAI）是区域降水量和地表水文状况的综合表征。本节将基于水文指数的水文适宜性评价纳入孟加拉国人居环境适宜性评价体系。采用降水量和地表水分指数（land surface water index，LSWI）构建人居环境水文适宜性评价模型，利用 ArcGIS 空间分析等方法，提取孟加拉国 1km×1km 栅格大小的水文指数，并从降水量、地表水分指数等方面开展孟加拉国人居环境水文适宜性评价。具体方法流程可参考《绿色丝绸之路：人居环境适宜性评价》（封志明等，2022）。

3.3.1 概况

1. 孟加拉国降水量以半湿润、湿润为主，以东部降水最为丰沛

孟加拉国以半湿润、湿润地区为主，全国降水较为丰富。在空间上，降水量整体上由西向东逐渐增加。其中，东北部的锡莱特专区年均降水量最为丰富（3196.3mm）；西部的拉杰沙希专区年均降水量最低，为 1578.5mm；东南部的吉大港专区年均降水量达到 2830.1mm，该区域位于贾木纳河、恒河与孟加拉湾交界处，是典型的湿润地区；此外，库尔纳、达卡、朗普尔、博里萨尔等大部分地区多年平均降水量在 1700～2400mm 之间，降水量也比较丰富。

2. 孟加拉国地表水分指数均值达 0.6，空间分布均衡

总体而言，孟加拉国地表水分指数介于 0～0.9，空间上分布较为均衡，地表水分指数由西北部、南部向中部、东部逐渐增加（图 3-6）。其中以吉大港地表水资源最为丰富，其地表水分指数均值为 0.6；博里萨尔、锡莱特、库尔纳和达卡地表水分情况较为相似，

地表水分指数均值达 0.56 以上；而拉杰沙希和朗普尔地表水分指数较其他地区略低。整体上，孟加拉国地表水分空间分布较为均衡。

具体而言，地表水分指数低于 0.5 的地区空间面积占比较小，分布在朗普尔、拉杰沙希地区境内贾木纳河的上游沿岸，以及库尔纳、达卡的部分地区；孟加拉国大部分地区的地表水分指数介于 0.5~0.6，主要分布在孟加拉国北部的朗普尔、拉杰沙希、达卡、库尔纳、锡莱特地区；在贾木纳河、恒河下游至孟加拉湾处，地表水分指数增加至 0.6 以上，其中以博里萨尔南部、吉大港东部地表水分指数最高，达 0.7 左右。

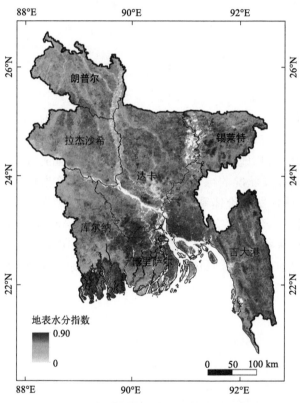

图 3-6　孟加拉国地表水分指数的空间分布

3.3.2　水文指数

1. 孟加拉国全境水文指数均值为 0.64，以湿润类型最为显著

孟加拉国水文指数介于 0.22~0.77，均值为 0.64，地表水文指数分布较为均衡（表 3-3）。具体而言，以吉大港和博里萨尔地区水文指数较高，均值为 0.66；达卡、库尔纳和锡莱特的水文指数均值为 0.64；拉杰沙希水文指数均值为 0.60，而朗普尔水文指数均值全域最低，为 0.56。整体而言，孟加拉国水文指数空间分布较为均衡，区域差异较小。

表 3-3 孟加拉国各专区的年均降水量、地表水分指数和水文指数

专区	年均降水量值/mm	地表水分指数均值	水文指数均值
拉杰沙希	1578.5	0.53	0.60
吉大港	2830.1	0.60	0.66
博里萨尔	2370.0	0.59	0.66
库尔纳	1724.1	0.56	0.64
朗普尔	2320.4	0.51	0.56
达卡	2042.5	0.56	0.64
锡莱特	3196.3	0.58	0.64

2. 孟加拉国全境水文指数主要介于 0.6～0.7，占地约 2/3

其中，水文指数低于 0.4 的地区零星分布在达卡中部、拉杰沙希西南部、朗普尔内的贾木纳河上游沿岸地区（图 3-7）；水文指数介于 0.5～0.6 的地区分布在朗普尔北部、拉杰沙希北部、锡莱特东北部以及库尔纳部分地区，属于湿润区类型；水文指数介于 0.6～0.7 的地区约占孟加拉国面积的 2/3，位于孟加拉国中部的大部分地区以及吉大港东部地区；此外，在孟加拉国南部的达卡、博里萨尔和吉大港三地交界处水文指数达 0.7 以上，该区域位于贾木纳河、恒河交界处，地表水资源非常丰富。

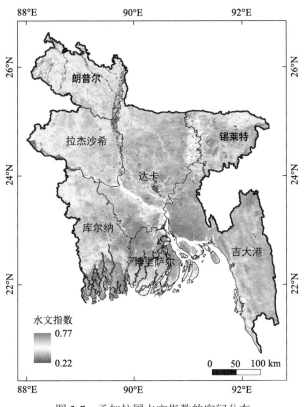

图 3-7 孟加拉国水文指数的空间分布

3.3.3 水文适宜性评价

孟加拉国以水文高度适宜地区为主，相应土地面积占比 2/3，集中分布在孟加拉国中部和东部。基于水文指数的孟加拉国人居环境水文适宜性评价表明：孟加拉国人居环境水文适宜地区占地 95.58%，其中高度适宜、比较适宜、一般适宜三类土地占比分别为67.86%、3.65%与24.07%。相应地，2015年水文适宜类型土地承载人口约占孟加拉国的98.25%，而高度适宜、比较适宜、一般适宜三类土地相应人口比例分别为66.18%、7.26%与24.81%。空间上，孟加拉国水文适宜类型主要以高度适宜类型为主，分布在孟加拉国大部分地区，一般适宜和比较适宜类型分布在孟加拉国西北部的朗普尔、拉杰沙希和库尔纳部分地区（图3-8）。

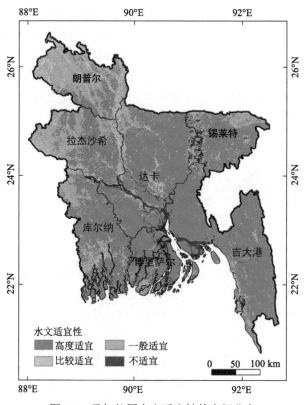

图3-8 孟加拉国水文适宜性的空间分布

1. 水文高度适宜地区：土地面积占比2/3，集中分布在孟加拉国中部和东部

人居环境水文适宜地区土地占比为95.58%（图3-8），相应地，2015年人口比例占到98.25%。其中以水文高度适宜类型为主。人居环境水文高度适宜类型以吉大港地区最为典型，相应土地面积占该区域的86.16%，相应人口占比为79.91%；其次，达卡、博里萨尔、库尔纳、锡莱特4专区的水文高度适宜类型土地占比均达到70%以上，相应人

口占比分别为 72.15%、84.55%、68.23% 和 73.13%（表 3-4）。空间上，人居环境水文高度适宜地区主要分布在孟加拉国恒河以南、贾木纳河以东的大部分地区。

表 3-4　孟加拉国各专区水文适宜性的分区统计

专区	土地/人口占比/%	不适宜	一般适宜	比较适宜	高度适宜
拉杰沙希	土地占比	1.38	43.75	6.24	48.63
	人口占比	0.33	44.33	5.75	49.59
吉大港	土地占比	5.79	7.21	0.84	86.16
	人口占比	3.09	13.17	3.83	79.91
博里萨尔	土地占比	14.74	11.21	0.22	73.83
	人口占比	4.68	9.70	1.07	84.55
库尔纳	土地占比	1.62	23.23	1.52	73.63
	人口占比	0.19	29.27	2.31	68.23
朗普尔	土地占比	0.00	61.22	14.11	24.67
	人口占比	0.00	59.97	12.87	27.16
达卡	土地占比	6.39	14.41	2.62	76.58
	人口占比	2.49	13.69	11.67	72.15
锡莱特	土地占比	3.21	22.72	1.55	72.52
	人口占比	1.23	23.64	2.00	73.13

2. 水文比较适宜地区：占地 4% 左右，相应人口约占 7%

就人居环境水文比较适宜类型而言，以朗普尔地区分布最为广泛，相应土地面积占该区域的 14.11%，相应人口占比为 12.87%；其次为拉杰沙希，其水文比较适宜类型土地占该区域的 6.24%，相应人口占比为 5.75%；而达卡、锡莱特、库尔纳、吉大港和博里萨尔 5 个专区的水文比较适宜类型土地占比仅为 3% 以下，相应人口占比分别为 11.67%、2.00%、2.31%、3.83% 和 1.07%。空间上，人居环境水文比较适宜地区零星分布在贾木纳河以西地区，具体为朗普尔西北部、拉杰沙希西部、达卡中部以及东部与锡莱特交界处，以及贾木纳河上流沿岸地区。

3. 水文一般适宜地区：土地和人口均占全国的 1/4 左右，空间上集中分布于西部

就人居环境水文一般适宜类型而言，以朗普尔地区分布最为广泛，相应土地面积占该区域的 61.22%，相应人口占比为 59.97%；其次为拉杰沙希，其水文一般适宜类型土地占该区域的 43.75%，相应人口占比为 44.33%；而库尔纳、锡莱特的水文一般适宜类型土地占比也达到了 20% 左右，相应人口占比分别为 29.27%、23.64%；此外，吉大港、博里萨尔、达卡的水文一般适宜类型土地占比仅为 10% 左右，相应人口占比分别为 13.17%、9.70%、13.69%。空间上，人居环境水文一般适宜地区主要分布在孟加拉国贾木纳河以西的大部分地区，具体为朗普尔西北部、拉杰沙希西部、库尔纳西南部、博里

萨尔南部，以及锡莱特西部和北部地区。

4. 水文不适宜地区：土地占比仅为全境的 5%左右，人口占比不及 2%

就人居环境水文不适宜类型而言，以博里萨尔地区分布最为广泛，相应土地面积占该区域的 14.74%，相应人口占比为 4.68%；其次为达卡，其水文不适宜类型土地占该区域的 6.39%，相应人口占比为 2.49%；而锡莱特、库尔纳和拉杰沙希的水文不适宜类型土地占比分别为 3.21%、1.62%和 1.38%，相应人口占比分别为 1.23%、0.19%和 0.33%；此外，朗普尔全域均为水文适宜类型，未分布水文不适宜类型。空间上，人居环境水文不适宜地区主要分布在孟加拉国锡莱特和达卡的交界处，吉大港西南部地区也有零星分布，同时，还在达卡中部、拉杰沙希南部、博里萨尔东部和南部呈带状分布。

总体而言，孟加拉国地表水资源较为丰富，以人居环境水文适宜类型为主，其中以水文高度适宜地区分布最为广泛，其次为水文一般适宜地区，相比而言，水文比较适宜地区土地占比较少。在空间上，以境内恒河、贾木纳河为界，将孟加拉国水文适宜类型分为适宜类和不适宜类。孟加拉国未有水文临界适宜类型的分布，而水文不适宜类型主要在孟加拉国中部沿南北向呈零星的带状分布。就人口分布而言，全国人口高度集中于水文高度适宜地区，即 67.86%的水文高度适宜土地上分布有 66.18%的人口。

3.4 地被指数与地被适宜性

地被适宜性评价（suitability assessment of vegetation，SAV）是人居环境自然适宜性评价的基础与核心内容之一，着重探讨一个区域地被覆盖特征对该区域人类生活、生产与发展的影响与制约。本节利用土地覆被类型和归一化植被指数（NDVI）的乘积构建孟加拉国的地被指数，采用空间统计的方法，对孟加拉国的地被适宜性进行评价分析。本节采用的土地覆被类型数据来源于国家科技基础条件平台——国家地球系统科学数据中心（http://www.geodata.cn），数据时间为 2017 年，空间分辨率为 30m。MOD13A1数据（V006，包括 NDVI）来源于 NASA EarthData 平台，时间跨度为 2013～2017 年，空间分辨率为 1km。

3.4.1 概况

（1）孟加拉国全境土地覆被类型差异较大，由东至西土地覆被类型逐渐丰富，主要覆被类型为农田、森林、水体、草地，90%以上的人口集中分布在农田、森林和草地等地区。根据共建绿色丝绸之路国家和地区 2017 年土地覆盖数据，孟加拉国土地覆被类型包括农田、森林、草地、灌丛、湿地、水体、不透水层、裸地共 8 种类型（图3-9 和表 3-5）。

（2）孟加拉国主要土地覆被类型为农田、森林、水体，其中农田占国土面积的 65.66%，人口比例超过 60%，主要分布在锡莱特专区、达卡专区、拉杰沙希专区等地区；森林占 22.52%，人口占比为 22.61%，主要分布在吉大港专区、库尔纳专区南部等地区；草地面积占 2.48%，人口占比为 2%左右，零星分布在达卡专区、吉大港专区、博里萨尔专区等地区；灌丛面积占 0.27%，人口占比不足 1%，分布在吉大港专区等地；湿地占 2.38%，人口占比不足 3%，零星分布在河流沿岸；水体占 4.71%，人口占比为 4.52%，主要分布在库尔纳、吉大港以及朗普尔、拉杰沙希和达卡交界处等地；不透水层面积占 1.39%，人口占比为 1.37%，主要分布在各地区的城区地带；裸地占 0.59%，人口占比不足 1%。

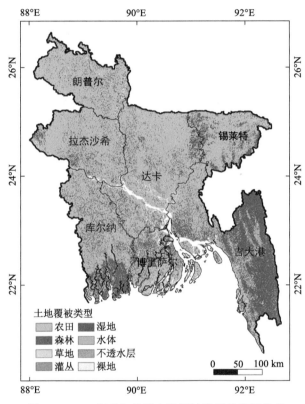

图 3-9 2017 年孟加拉国土地覆被类型的空间分布

表 3-5 2017 年孟加拉国土地覆被类型面积及人口占比统计

覆被类型	人口占比/%	面积占比/%
农田	65.82	65.66
森林	22.61	22.52
草地	2.46	2.48
灌丛	0.27	0.27
湿地	2.37	2.38

覆被类型	人口占比/%	面积占比/%
水体	4.52	4.71
不透水层	1.37	1.39
裸地	0.58	0.59

3.4.2 植被指数

1. 孟加拉国全境 NDVI 多年均值为 0.68，区域差异较大

全境 NDVI 多年均值为 0.68，最高为 0.84，最低为 0，由西向东逐渐增大。基于 NDVI 统计分析，孟加拉国 NDVI 以低值为主（图 3-10），地域之间差异较大。整体而言，孟加拉国低 NDVI 值在空间上呈连片带状之势，集中分布在库尔纳专区、锡莱特专区北部地区，以及贾木纳河附近，高 NDVI 值在空间上主要集中分布在吉大港专区、锡莱特专区，以及达卡专区南部。

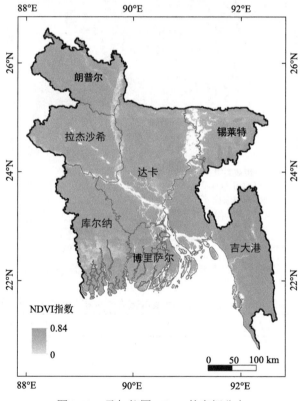

图 3-10 孟加拉国 NDVI 的空间分布

2. 孟加拉国全境植被指数介于 0.55～0.70 时，人口占比约为 68%

随着 NDVI 增加，孟加拉国相应人口占比表现出两个变化特征：一是人口集中分布在 NDVI 高值区域，当 NDVI 小于等于 0.20 时，人口比例较低（约 3%）；二是当 NDVI 大于 0.20 时，随着 NDVI 增大，其人口比例均表现为先增后减的变化趋势，在 0.60 左右时出现人口峰值。在 NDVI 介于 0.55～0.70 时，人口比例维持在 68.0% 上下。当 NDVI 大于 0.70 时，人口占比为 13.2%，其中 NDVI 大于 0.8 时，人口占比不足 1%。从人居环境适宜性角度看，人口主要分布在 NDVI 介于 0.20～0.84 的区域，并在 0.60 上下（0.60～0.65）出现峰值（约占 32.57%）。

3.4.3　地被指数

1. 孟加拉国全境地被指数均值为 0.54，人口集中在地被指数高值区域

全境地被指数均值为 0.54，森林广布、地被覆盖度偏高；50% 以上的人口集中分布在地被指数 0.70 以上的区域，占地超过一半；不足 6% 的人口居住在地被指数小于 0.1 的地区（表 3-6）。孟加拉国地被指数介于 0～1，其中地被指数低于 0.1 的地区占该区域面积比例较低，属于裸地等类型（图 3-11）；地被指数高于 0.10 的地区占该区域的比例高达 94.08% 以上，属于亚热带阔叶林等类型。地被指数对孟加拉国人口分布的影响极为显著，大部分的人口集聚于高地被指数值区域。当地被指数大于 0.70 时（即 0.70≤LCI），相应的地区人口为最大值，占总量的 53.34%，相应的土地面积占比超过一半，主要集中分布在拉杰沙希专区、库尔纳专区北部，以及达卡专区北部地区。

2. 孟加拉国全境地被指数介于 0.10～0.20 时，占地约 1/4

当地被指数介于 0.10～0.20 时（0.10≤LCI≤0.20），相应的人口占比达到总量的 24.29%（表 3-6），相应的土地面积占比约为 24%，主要分布在库尔纳专区南部、吉大港专区东部地区、博里萨尔专区中部地区以及达卡专区西部地区；当地被指数介于 0.20～0.70 时（0.20<LCI≤0.70），孟加拉国人口占比为总人口的 16.51%，所占土地面积占比不足 20%，主要分布在拉杰沙希专区西部、达卡专区北部、锡莱特专区北部等地区。

表 3-6　孟加拉国地被指数与相关量的统计

参数	<0.1	0.1～0.2	0.2～0.3	0.3～0.4	0.4～0.5	0.5～0.6	0.6～0.7	>0.7
面积/10^3km^2	8.74	35.88	3.72	1.56	2.60	4.46	12.19	78.45
面积比例/%	5.92	24.31	2.52	1.06	1.76	3.02	8.26	53.15
人口数量/10^6	9.16	37.95	3.94	1.63	2.72	4.67	12.84	83.35
人口比例/%	5.86	24.29	2.52	1.04	1.74	2.99	8.22	53.34

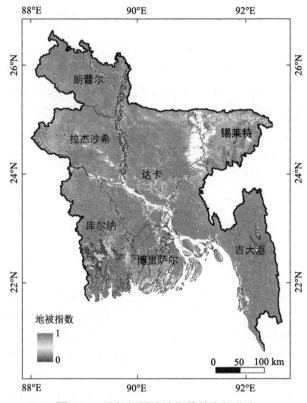

图 3-11　孟加拉国地被指数的空间分布

3.4.4　地被适宜性评价

孟加拉国人居环境地被适宜地区占地超 4/5，相应人口占比超 9/10；不适宜地区占地约 1/10，相应人口不到 1/20。根据前述孟加拉国的地被指数及其人居环境的适宜性与空间分布特征，依据不同覆被类型及地被指数等指标，可以将孟加拉国不同地区的人居环境地被适宜程度分为不适宜、临界适宜、一般适宜、比较适宜和高度适宜 5 类。

第 1 类为不适宜地区（non-suitable area，NSA），即不适合人类长期生活和居住的地区，主要是地被指数小于 0.01 的地区，覆被类型为苔原、冰雪、水体、裸地等未利用地，基本上是不适合人类生存的无人区且生态环境极其脆弱。

第 2 类为临界适宜地区（critical suitability area，CSA），是受地被条件高度限制、勉强适合人类常年生活和居住的地区，属于地被适宜与否的过渡区域。主要是地被指数介于 0.02～0.1 的主要覆被类型为灌丛的地区。

第 3 类为一般适宜地区（low suitability area，LSA），是受地被条件中度限制、一般适宜人类常年生活和居住的地区，主要是地被指数介于 0.11～0.17 及主要覆被类型为草地的区域。

第 4 类为比较适宜地区（moderate suitability area，MSA），是受到一定地被条件限制、中等适宜人类常年生活和居住的地区，地被等条件相对较好，主要是地被指数介于 0.18～0.28 且主要覆被类型为森林的地区。

第 5 类为高度适宜地区（high suitability area，HSA），是基本不受地被限制、最适合人类常年生活和居住的地区，地被条件优越，主要是指地被指数大于 0.28 且主要覆被类型为不透水层、农田的地区。

根据孟加拉国地被指数空间分布特征及人居环境地被适宜性评价指标体系，完成了孟加拉国地被指数的人居环境地被适宜性评价（图 3-12 和表 3-7）。结果表明，孟加拉国以地被适宜为主要特征，地被适宜地区占 87.4%，相应人口超过 90%；不适宜地区占 9.9%，相应人口不足 5%。

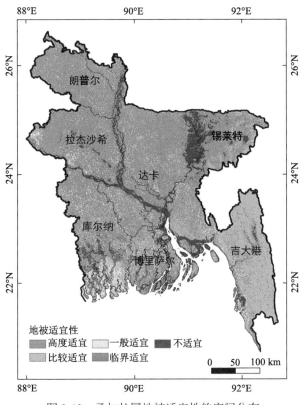

图 3-12　孟加拉国地被适宜性的空间分布

表 3-7　孟加拉国地被适宜性分区的面积和人口统计

参数	不适宜	临界适宜	一般适宜	比较适宜	高度适宜
面积/10^3km^2	14.61	3.98	13.81	22.52	92.67
面积比例/%	9.90	2.70	9.35	15.26	62.79
人口数量/10^6	6.49	300	19.54	19.05	108.18
人口比例/%	4.15	1.92	12.51	12.19	69.23

1. 地被适宜地区：土地面积占比近90%，集中分布在孟加拉国北部和中部

基于地被指数的人居环境适宜性评价表明，孟加拉国地被适宜地区土地面积占比为87.4%，以高度适宜为主要类型，其中高度适宜、比较适宜与一般适宜三种类型的土地面积比例分别占到62.79%、15.26%与9.35%。相应地，2015年地被适宜地区所承载的人口比例占到孟加拉国的93.93%。其中，地被高度适宜、比较适宜与一般适宜土地相应人口比例分别为69.23%、12.19%与12.51%。在空间上，地被高度适宜地区主要分布在达卡中北部地区、拉杰沙希西部地区、锡莱特中部等地区；地被比较适宜地区主要分布在吉大港、博里萨尔等地区；地被一般适宜地区主要集中分布在库尔纳南部地区及零星分布在吉大港、达卡等地区。

2. 地被临界适宜地区：土地面积占比2.70%，零星分布在孟加拉国东部

地被临界适宜地区土地占2.70%。相应地，2015年相应人口比例约占1.92%。在区域分布上，临界适宜地区零星分布在孟加拉国库尔纳中部地、吉大港，且临界适宜地区还在孟加拉国北部及恒河流域附近有零星分布，空间上主要在地被一般适宜地区周围。

3. 地被不适宜地区：土地面积占比9.90%，集中分布在孟加拉国东北部和南部

2015年，孟加拉国地被不适宜地区土地面积占9.90%，所承载的人口比例约4.15%。在区域分布上，地被不适宜地区主要连片集中分布在锡莱特、吉大港、库尔纳南部，以及沿河流流域呈带状分布，此外还零星分布在孟加拉国其他区域（图3-12）。

3.5 人居环境适宜性综合评价与适宜性分区

本节所用的孟加拉国1km×1km人居环境指数计算结果以及基于人居环境指数的人居环境适宜性评价与分区结果，均来源于《绿色丝绸之路：人居环境适宜性评价》（封志明等，2022）。该书是共建绿色丝绸之路国家人居环境适宜性评价研究成果的综合反映和集成表达。人居环境自然适宜性综合评价与分区研究是开展资源环境承载力评价的基础研究。它是在基于地形起伏度的地形适宜性评价、基于温湿指数的气候适宜性评价、基于水文指数的水文适宜性评价，以及基于地被指数的地被适宜性评价基础上，利用地形起伏度、温湿指数、水文指数与地被指数构建人居环境指数，结合单要素适宜性与限制性因子组合，将人居环境自然适宜性划分为3大类、7小类。其中，人居环境指数（human settlements index，HSI）是反映人居环境地形、气候、水文与地被适宜性与限制性特征的加权综合指数。

3.5.1 概况

根据上述报告，分别以人居环境指数平均值35与44作为划分人居环境不适宜地区

与临界适宜地区、临界适宜地区与适宜地区的特征阈值。在此基础上，根据人居环境地形适宜性、气候适宜性、水文适宜性与地被适宜性 4 个单要素评价结果进行因子组合分析，再进行人居环境适宜性与限制性 7 个小类划分。具体而言，孟加拉国人居环境适宜性与限制性划分为 3 大类、7 小类，分别是：

（1）人居环境不适宜地区（non-suitability area，NSA），根据地形、气候、水文、地被等限制性因子类型（即不适宜）及其组合特征，把人居环境不适宜地区再分为人居环境永久不适宜地区（permanent NSA，PNSA）和条件不适宜地区（conditional NSA，CNSA）。

（2）人居环境临界适宜地区（critical suitability area，CSA），根据地形、气候、水文、地被等自然限制性因子类型（即临界适宜）及其组合特征，把人居环境临界适宜地区再分为人居环境限制性临界适宜地区（restrictively CSA，RCSA）与适宜性临界适宜地区（narrowly CSA，NCSA）。

（3）人居环境适宜地区（suitability area，SA），根据地形、气候、水文、地被等适宜性因子类型（主要是高度适宜与比较适宜）及其组合特征，将人居环境适宜地区再分为一般适宜地区（low suitability area，LSA）、比较适宜地区（moderate suitability area，MSA）与高度适宜地区（high suitability area，HSA）。

3.5.2　人居环境指数空间特征与专区差异

孟加拉国人居环境指数介于 32～84（图 3-13），平均值约为 67。可见，人居环境适宜性与限制性划分的 3 大类、7 小类在该国均有分布，但以人居环境适宜性为主。孟加拉国位于南亚次大陆东北部的恒河、贾木纳河和梅克纳河下游三角洲平原上，地势低平，东南部和东北部为丘陵地带。孟加拉国大部分地区属于亚热带季风型气候，湿热多雨，水热条件优越，植被生长良好。

从空间上看，人居环境指数高值区位于北部平原地区（如朗普尔、拉杰沙希与达卡等），中值区位于该国东南部的丘陵地区（集中分布在吉大港），人居环境指数低值区主要位于孟加拉国恒河及其入海口沿线区域。孟加拉国被称为"河塘之国"，是世界上河流最稠密的国家之一。河流和湖泊约占全国面积的 10%，平原地区加之水道纵横使得这些区域通常为水域所覆盖，人居环境限制性远大于其适宜性。例如，该国博多河、布拉马普特拉河下游（贾木纳河）、梅克纳河、卡纳普里河、提斯塔河等平原河流地区的人居环境指数也较低。

就孟加拉国各个行政专区而言，达卡、拉杰沙希、锡莱特和朗普尔 4 个专区主要为人居环境临界适宜地区与人居环境适宜地区，人居环境不适宜地区极少，甚至可以忽略不计。相对而言，人居环境适宜性与限制性划分的 3 大类、7 小类在吉大港、库尔纳和博里萨尔 3 个专区均有分布。这 3 个专区人居环境指数最小值维持在 32～33 的水平。从各个专区来看，其人居环境指数最大值均维持在 79 以上（表 3-8）。

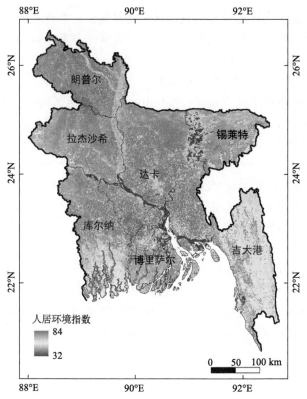

图 3-13　2015 年孟加拉国人居环境指数的空间分布

表 3-8　2015 年孟加拉国各专区人居环境指数统计

专区	最小值	最大值	平均值	标准偏差
博里萨尔	32.57	80.80	63.59	11.94
吉大港	32.33	83.91	63.16	9.55
达卡	35.03	81.18	67.80	11.43
库尔纳	32.64	80.36	66.58	8.70
拉杰沙希	35.17	79.98	68.35	8.61
朗普尔	42.65	80.94	71.65	8.02
锡莱特	35.05	80.07	66.02	9.62

3.5.3　人居环境适宜性评价与分区

1. 人居环境适宜地区占近 97%，人口占 99%

　　基于 GIS 分区统计表明，孟加拉国人居环境适宜地区、临界适宜地区与不适宜地区相应土地面积分别为 142967.49km²、4091.17km² 与 541.35km²，相应占比分别为 96.86%、2.77% 与 0.37%。由于该国人居环境适宜性土地面积占比较大，相应人口数量也较大。以

2015 年该国人口来看，孟加拉国人居环境适宜地区、临界适宜地区与不适宜地区相应人口数量约为 1.54 亿、221.06 万与 14.69 万，相应占比分别为 98.56%、1.35% 与 0.09%。可见，人居环境适宜地区在孟加拉国占据绝对比例。在空间上，人居环境适宜地区在该国广泛分布（图 3-14），临界适宜地区呈带状主要分布在恒河及其入海口地区以及达卡专区与锡莱特专区交界地河流冲积平原地区，不适宜地区则零星分布在博里萨尔专区南部的岛屿上以及吉大港专区西南沿海的岛屿上。

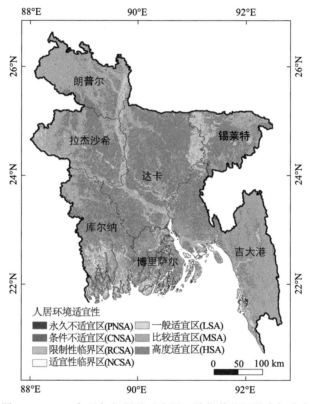

图 3-14　2015 年孟加拉国基于人居环境指数分区的空间分布

　　就人居环境适宜地区而言，孟加拉国人居环境一般适宜地区、比较适宜地区、高度适宜地区相应土地面积分别为 1.59×10⁴km²、6.40×10⁴km²、6.32×10⁴km²，相应占比分别为 10.74%、43.34%、42.79%。该区域农田占比较大，基本上不受气候、水文和地被条件制约，海拔较低，人体感觉较为舒适。2015 年，该国人居环境一般适宜地区、比较适宜地区、高度适宜地区相应人口数量分别为 1239.10 万、6958.86 万与 7201.92 万，对应人口比例依次为 7.93%、44.53% 与 46.09%。可见，孟加拉国人居环境适宜地区的人口主要分布在比较适宜与高度适宜两个亚类地区。

　　就人居环境临界适宜地区而言，孟加拉国限制性临界适宜地区土地面积为3722.07km²，而适宜性临界适宜地区土地面积仅为 369.10km²，前者约为后者的近 10 倍。该区域主要受地被和水文条件制约，2015 年人居环境限制性临界适宜地区与适宜性临界适宜地区相应人口数量分别为 162.13 万与 48.93 万，对应人口比例在该国占比不及 2%。最后，就人居环境不适宜地区而言，孟加拉国永久不适宜地区土地面积为 526.37km²，而条件不适宜地区土地面积仅为 14.98km²，前者约为后者超 30 倍；2015 年人口数量分别为 13.95 万与 0.74 万，对应人口比例在该国占比不及 0.1%。

2. 各专区人居环境适宜土地占比均超九成，人口高度集聚

在孟加拉国专区层面，各专区人居环境以适宜为主，不适宜地区集中分布在博里萨尔与吉大港，临界适宜地区在除朗普尔以外的 6 个专区中都有一定分布。博里萨尔、吉大港、达卡、库尔纳、拉杰沙希、朗普尔、锡莱特 7 个专区对应的人居环境适宜性 7 小类的土地面积与人口统计详见表 3-9。

在专区层面，人居环境适宜性程度如下。

博里萨尔专区人居环境适宜地区、临界适宜地区与不适宜地区面积分别为 8509.73km²、395.85km² 与 343.43km²；相应人口分别为 825.72 万人、19.89 万人、8.69 万人。该专区中人居环境不适宜地区土地面积最小，在该区占 3.71%，临界适宜地区土地面积占比也有 4.28%。相比之下，其人居环境适宜地区土地面积占比是 7 个专区中最低的，约为 92.01%，其他 6 个专区人居环境适宜地区土地面积占比均在 94% 以上。

吉大港专区人居环境适宜地区、临界适宜地区与不适宜地区面积分别为 31138.50km²、1007.82km² 与 161.55km²；相应人口分别为 2995.14 万人、76.00 万人、5.99 万人。该专区中人居环境不适宜地区占 0.50%，临界适宜地区土地面积占比也有 3.12%。相比之下，其人居环境适宜地区土地面积占比为 96.38%。

达卡专区人居环境适宜地区与临界适宜地区面积分别为 31852.10km²、1952.51km²；相应人口分别为 5117.81 万人、98.72 万人，该专区适宜地区人口最多，不存在人居环境不适宜地区。临界适宜地区土地面积占比为 5.78%。相比之下，其人居环境适宜地区土地面积占比为 94.22%。

库尔纳专区人居环境适宜地区、临界适宜地区与不适宜地区面积分别为 20948.01km²、95.22km² 与 36.38km²；前两者相应人口分别为 1671.08 万人、1.08 万人，后者人口忽略不计。该专区中人居环境不适宜地区土地面积在 7 个行政区中居第 3 位，在该区占 0.17%，临界适宜地区土地面积占比仅为 0.45%。相比之下，其人居环境适宜地区土地面积占比为 99.38%。

拉杰沙希专区人居环境适宜地区与临界适宜地区面积分别为 19698.40km²、212.90km²；相应人口分别为 2015.32 万人、1.28 万人。该专区中不存在人居环境不适宜地区。临界适宜地区土地面积占比为 1.07%。相比之下，其人居环境适宜地区土地面积占比为 98.93%。

朗普尔专区人居环境适宜地区与临界适宜地区面积分别为 17773.71km²、6.42km²；相应人口分别为 1726.54 万人、0.09 万人。该省级单元行政区中不存在人居环境不适宜地区。临界适宜地区土地面积占比也有 0.04%。相比之下，其人居环境适宜地区土地面积占比为 99.96%。

锡莱特专区人居环境适宜地区与临界适宜地区面积分别为 13047.04km²、420.46km²；相应人口分别为 1048.27 万人、14.00 万人。该专区中不存在人居环境不适宜地区。临界适宜地区土地面积占比为 3.12%。相比之下，其人居环境适宜地区土地面积占比为 96.88%。

表 3-9　孟加拉国各专区人居环境适宜性评价分区相应土地与人口统计（2015 年）

分区	参数	博里萨尔	吉大港	达卡	库尔纳	拉杰沙希	朗普尔	锡莱特
永久不适宜地区（PNSA）	土地/km²	337.01	157.27	0.00	32.10	0.00	0.00	0.00
	人口/10⁴ 人	8.60	5.35	0.00	0.00	0.00	0.00	0.00
条件不适宜地区（CNSA）	土地/km²	6.42	4.28	0.00	4.28	0.00	0.00	0.00
	人口/10⁴ 人	0.09	0.65	0.00	0.00	0.00	0.00	0.00
不适宜地区（NSA）	土地/km²	343.43	161.55	0.00	36.38	0.00	0.00	0.00
	人口/10⁴ 人	8.69	5.99	0.00	0.00	0.00	0.00	0.00
限制性临界适宜地区（RCSA）	土地/km²	307.05	919.02	1830.54	53.49	202.20	0.00	409.76
	人口/10⁴ 人	13.16	56.91	77.50	0.92	1.08	0.00	12.56
适宜性临界适宜地区（NCSA）	土地/km²	88.80	88.80	121.96	41.72	10.70	6.42	10.70
	人口/10⁴ 人	6.73	19.09	21.22	0.15	0.20	0.09	1.44
临界适宜地区（CSA）	土地/km²	395.85	1007.82	1952.51	95.22	212.90	6.42	420.46
	人口/10⁴ 人	19.89	76.00	98.72	1.08	1.28	0.09	14.00
一般适宜地区（LSA）	土地/km²	1976.05	2050.94	3040.56	2818.03	2337.66	1598.38	2030.61
	人口/10⁴ 人	144.22	270.43	272.65	152.91	185.99	118.16	94.74
比较适宜地区（MSA）	土地/km²	2078.75	19708.03	7972.65	8600.67	9195.51	12471.45	3936.04
	人口/10⁴ 人	249.93	1301.37	2169.02	716.49	997.11	1196.54	328.41
高度适宜地区（HSA）	土地/km²	4454.93	9379.53	20838.88	9529.31	8165.23	3703.88	7080.38
	人口/10⁴ 人	431.57	1423.35	2676.14	801.69	832.21	411.85	625.12
适宜地区（SA）	土地/km²	8509.73	31138.50	31852.10	20948.01	19698.40	17773.71	13047.04
	人口/10⁴ 人	825.72	2995.14	5117.81	1671.08	2015.32	1726.54	1048.27

3.6　本　章　小　结

就地形适宜性、气候适宜性、水文适宜性与地被适宜性而言，孟加拉国均以适宜地区为主。其中前三类要素适宜地区占比在 95% 以上，地被适宜地区略低，但也保持在 80% 以上。综合分析表明，孟加拉国人居环境适宜地区、临界适宜地区与不适宜地区相应土地面积分别为 142967.49km²、4091.17km² 与 541.35km²，相应占比分别为 96.86%、2.77% 与 0.37%。

以 2015 年该国人口来看，孟加拉国人居环境适宜地区、临界适宜地区与不适宜地区相应人口数量约为 1.54 亿人、211.06 万人与 14.69 万人，相应占比分别为 98.56%、1.35% 与 0.09%。可见，人居环境适宜地区在孟加拉国占据绝对比例，也是人口集中分布地区。

参 考 文 献

封志明, 李鹏, 游珍. 2022. 绿色丝绸之路: 人居环境适宜性评价. 北京: 科学出版社.

Karger D N, Conrad O, Böhner J, et al. 2017. Climatologies at high resolution for the earth's land surface areas. Scientific Data, 4(1): 1-20.

第4章　土地资源承载力评价与增强策略

土地资源是人类赖以生存和发展的最重要的自然资源之一，土地资源承载力评价是厘定土地资源承载上限、明晰区域发展路线的重要依据。开展孟加拉国土地资源承载力评价，科学认识土地资源承载力的演变过程和规律，提出土地资源承载力适应策略，是孟加拉国资源环境承载力国别评价的重要组成部分。

本章从土地资源的供给能力和需求水平两个侧面，分析孟加拉国的土地资源利用现状及其变化规律，探讨孟加拉国土地资源生产能力，研究孟加拉国居民的食物消费结构与膳食营养水平。在此基础上，从人粮平衡和当量平衡等多角度，分析孟加拉国国家和专区等不同尺度的土地资源承载力及其承载状态，探讨孟加拉国土地资源承载力的整体状况及其时空格局，提出土地资源承载力提升的对策建议。

4.1　土地资源利用及其变化

土地利用是指人类根据土地的自然特性，按照一定的社会经济目的，通过生物、技术手段对土地进行长期或周期性的经营管理和治理改造，主要强调土地的社会属性（史洪超，2012）。土地利用变化是土地资源利用状况的重要体现。近30年来，孟加拉国经济快速发展，人口数量不断增加，在自然因素和社会因素的共同作用下，土地利用状况发生了显著变化。本节主要分析孟加拉国土地利用现状及用地结构，通过对比1995年、2005年和2015年三个时间节点的土地利用类型，分析孟加拉国土地利用变化情况。

4.1.1　土地利用现状

孟加拉国主要的土地资源为耕地，其次为林地，其他类型土地资源数量较少（表4-1）。2017年，耕地面积约9.69万 km^2，占国土面积的65.65%；林地面积约3.31万 km^2，占国土面积的22.44%，水域面积约0.71万 km^2，占国土面积的4.78%，其他各类型土地面积占比较小。

表 4-1　2017 年孟加拉国土地利用概况

土地利用类型	面积/km^2	占比/%
耕地	96914.33	65.65
林地	33122.96	22.44

续表

土地利用类型	面积/km²	占比/%
草地	3644.22	2.47
湿地	3568.49	2.42
水域	7053.89	4.78
建设用地	2132.98	1.44
未利用地	1193.13	0.80

注：数据来源于国家地球系统科学数据中心（http://www.geodata.cn）全球 30m 土地覆盖数据集 FROM-GLC（2017 年）。

孟加拉国的耕地资源广泛分布于中部及沿海的冲积平原；林地资源主要分布在东南部的吉大港专区；东北部的锡莱特专区以及西南部的库尔纳专区，多为丘陵山地；建设用地主要分布于达卡和吉大港专区；水域主要分布在恒河、贾木纳河和梅克纳河地区，其他各类用地的分布较为分散。

4.1.2 土地利用变化

在土地利用现状分析的基础上，基于数据的可获得性，选择 1995 年、2005 年、2015 年三个时间节点，对孟加拉国的土地利用变化进行分析。

1. 1995～2005 年

整体变化上，孟加拉国耕地、林地、建设用地面积增加，草地、湿地、水域和未利用地面积减少。从增长幅度来看，2005 年耕地、林地和建设用地面积较 1995 年分别增加了 0.29%、4.29%、95.67%，建设用地增加幅度最大。从下降的幅度来看，草地面积下降幅度最大，为 29.19%，未利用地面积下降了 11.15%，其他各类土地面积增减幅度均在 5% 以内，降幅较小（图 4-1）。

从 1995 年和 2005 年两期的土地利用数据提取的土地利用转移矩阵分析发现：

从耕地资源的转移情况来看，孟加拉国约 1107km² 耕地资源转换为其他土地类型，其中约 672km² 转换为林地，转换规模最大，其次为建设用地和水域，转换面积均约 200km²，转换为其余类型土地面积较少，均小于 50km²；约 1426km² 的其他类型土地资源转换为耕地，其中未利用地转为耕地规模最大，约为 441km²，其次为草地，转换面积约 463km²，水域和林地转换面积分别约 297km² 和 225km²（表 4-2）。

从林地资源转移情况来看，转换为耕地的面积最多，约 225km²，转换为其余各类土地利用类型面积均较小，不超 20km²。从转入类型来看，耕地转为林地面积最多，约 672km²，未利用地转换为林地的面积约 249km²，水域转换为林地的面积约 58km²，其他各类用地转为林地面积较小。

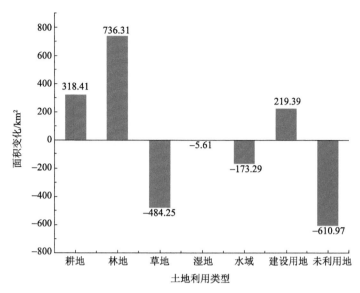

图 4-1　1995～2005 年孟加拉国土地利用变化

数据来源于欧洲空间局 300m 全球陆地覆盖数据（ESA GlobCover）

表 4-2　1995～2005 年孟加拉国土地利用变化分析　　　　　（单位：km²）

土地类型	耕地	林地	草地	湿地	水域	建设用地	未利用地
耕地	110342.43	671.89	30.37	0.00	193.16	199.61	12.33
林地	225.19	16913.73	7.45	4.79	10.77	0.55	14.91
草地	462.71	10.86	1026.10	0.00	157.09	2.12	0.00
湿地	0.00	10.68	0.00	363.32	0.00	0.00	0.00
水域	296.97	57.61	110.62	0.28	10727.49	17.12	52.18
建设用地	0.00	0.00	0.00	0.00	0.00	229.33	0.00
未利用地	440.90	248.93	0.09	0.00	0.46	0.00	4787.98

注：数据来源于欧洲空间局 300m 全球陆地覆盖数据（ESA GlobCover）。

2. 2005～2015 年

该时间段孟加拉国土地利用变化主要特征为耕地和水域减少、建设用地显著增加。与 2005 年相比，建设用地增长 155.80%，增幅最大，草地面积增长了 7.73%，其余各类用地变化幅度较小（图 4-2）。

通过对 2005～2015 年的土地利用转移矩阵分析可发现：

从耕地资源变化来看，孟加拉国约 1166km² 耕地资源转出为其他土地类型，其中约 674km² 转换为建设用地，约 300km² 转换为林地，约 90km² 转换为草地，转换为其余类型规模较低。从耕地资源的转入类型来看，约 387km² 其他类型土地资源转入为耕地资源，其中，水域转为耕地面积约 142km²，未利用地中约 104km² 转换为耕地，林地资源转入约 92km²。

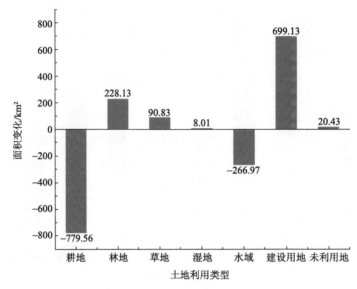

图 4-2 2005～2015 年孟加拉国土地利用与土地覆被变化的统计柱状图

数据来源于欧洲空间局 300m 全球陆地覆盖数据（ESA GlobCover）

从林地资源变化来看，转出类型方面，转变为耕地资源最多，其次是转换为未利用地，转变为其余各类土地利用类型面积均较小。从其他类型转入林地资源来看，耕地转为林地面积最多，其次为未利用地和水域，约 45km^2，其余各类用地转为林地的面积较小（表 4-3）。

表 4-3 2005～2015 年孟加拉国土地利用变化分析　　　　　　（单位：km^2）

土地类型	耕地	林地	草地	湿地	水域	建设用地	未利用地
耕地	110602.13	299.27	90.28	0.00	55.31	673.73	47.49
林地	91.93	17748.13	2.94	10.95	16.20	5.61	37.92
草地	48.87	2.30	1092.73	0.00	29.26	1.47	0.00
湿地	0.00	3.31	0.00	364.15	0.92	0.00	0.00
水域	142.00	43.34	79.51	1.29	10717.55	17.58	87.70
建设用地	0.00	0.00	0.00	0.00	0.00	448.72	0.00
未利用地	103.71	45.46	0.00	0.00	2.76	0.74	4714.72

注：数据来源于欧洲空间局 300m 全球陆地覆盖数据（ESA GlobCover）。

4.2 土地资源生产力及其地域格局

土地资源生产力很大程度上决定了食物的供给能力，是一定区域内土地资源承载力的重要影响因素之一。本节定量分析孟加拉国 1995～2017 年的农作物、主要粮食作物以及主要农畜产品生产力的变化，探讨孟加拉国各专区的农业生产能力，以期为开展孟加拉国土地资源承载力评价提供量化支持。

4.2.1 土地资源生产力的时序变化

从农作物的播种面积看，1995～2017 年，孟加拉国农作物播种面积整体呈上升趋势，主要农作物的产量也有不同程度的提高。从粮食作物播种规模来看，孟加拉国粮食作物播种面积呈现缓慢波动增长趋势，从 1068.34 万 hm² 增长到 1243.00 万 hm²，涨幅为 16.35%，其中 2004～2007 年，播种面积有所降低，低于多年平均播种规模。从粮食作物占比来看，孟加拉国粮食作物播种面积占农作物播种面积呈波动下降趋势，粮作比先升后降，但整体变化幅度不大，从 79.09%下降到 76.63%（图 4-3）。

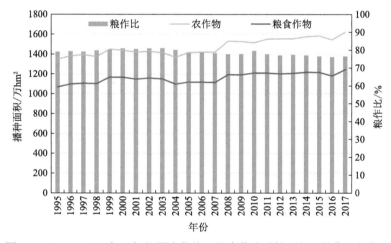

图 4-3 1995～2017 年孟加拉国农作物、粮食作物种植面积及粮作比的变化

1995～2017 年，孟加拉国粮食总产量呈波动上升趋势，从 2770.41 万 t 增加到 5849.56 万 t，粮食单产从 2593.20kg/hm² 增长至 4706.00kg/hm²。粮食单产变化基本与粮食总产量变化趋势相近，但增幅低于粮食总产量增幅（图 4-4）。

水稻是孟加拉国最主要的粮食作物。1995～2017 年，孟加拉国水稻产量在波动中增长，2017 年较 1995 年增加了 1 倍多。根茎类、小麦、玉米产量也都保持持续增长，玉米从初期的 0.27 万 t 增长到 302.54 万 t，整体上增产了 1000 余倍，产量急速增加（图 4-5）。

孟加拉国主要牲畜为牛、羊及禽类。其中，禽类养殖数量最多，羊、牛次之。1995～2017 年，禽类出栏量从 1.54 亿只增长至 3.31 亿只，增长了 114.94%。羊出栏量从 1528.00 万只增长到 3227.94 万只，增长了 111.25%。牛出栏量小幅度增长，仅增长了 38.67 万头，增幅约 15.65%（图 4-6）。

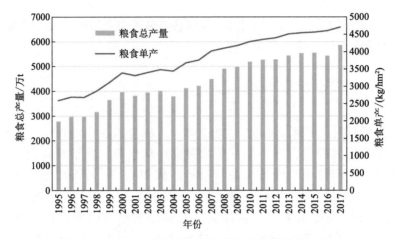

图 4-4 1995～2017 年孟加拉国粮食总产及单产的变化

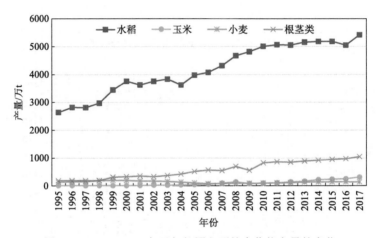

图 4-5 1995～2017 年孟加拉国主要粮食作物产量的变化

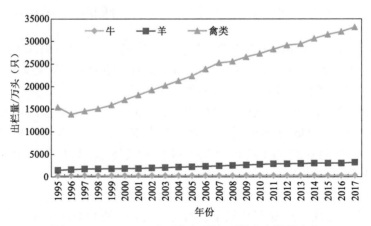

图 4-6 1995～2017 年孟加拉国主要牲畜出栏量变化

1995～2017 年，孟加拉国肉、蛋、奶的产量均有所增长。奶类产量最高，但增长缓慢，从 144.41 万 t 增长至 200.54 万 t，年均增长仅为 1.50%。肉类产量居中，从 38.53 万 t 增长到 69.53 万 t，年均增长 2.72%。蛋类产量最低，但增长较快，从 12.47 万 t 增长至 69.26 万 t，年均增长 8.11%（图 4-7）。

图 4-7　1995～2017 年孟加拉国肉、蛋、奶产量的变化

4.2.2　土地资源生产力的分区变化

1. 专区土地资源生产力

根据现有的数据基础，选取并计算 2015～2017 年 3 年各专区主要农作物产量数据的平均值，通过分析水稻、小麦、玉米等主要粮食作物以及豆类、水果、蔬菜、薯类、油料作物、糖料作物的产量数据，探讨孟加拉国各专区土地资源生产力现状。

通过对不同专区主要农作物产量和生产能力现状分析发现，孟加拉国各专区均以种植水稻为主，水果、蔬菜和薯类的产量也较高。具体分专区来看：

达卡专区的多种农作物在孟加拉国均占据主导地位，水稻产量最高，蔬菜、水果的产量也具有重要地位，总产量占全国比例均居第一位；拉杰沙希专区糖料作物、小麦在全国具有重要影响，总产量占比居全国第一位；朗普尔专区玉米、薯类产量较高，分别占全国 53.53% 和 36.09%，居全国第一位；吉大港专区的油料作物产量居全国第一位，占全国产量比达到了 22.53%。此外，库尔纳专区豆类产量居全国第一，玉米和蔬菜产量居全国第二，占比分别达到了 26.31%、24.81%、20.51%；博里萨尔专区除豆类产量占全国 17.57%，居全国第四位外，其余各类农作物产量占全国比例均较小。锡莱特专区各类农作物产量均不高，占全国比例也均较低（图 4-8、表 4-4）。

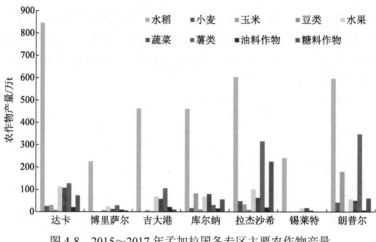

图4-8 2015～2017年孟加拉国各专区主要农作物产量

表4-4 2015～2017年孟加拉国各专区主要农作物产量及比例

农作物	项目	达卡	博里萨尔	吉大港	库尔纳	拉杰沙希	锡莱特	朗普尔
水稻	产量/万t	846.98	226.02	464.00	461.07	604.20	241.15	597.36
	比例/%	24.62	6.57	13.49	13.40	17.56	7.01	17.35
小麦	产量/万t	24.92	1.46	0.88	16.33	47.61	0.26	42.13
	比例/%	18.65	1.10	0.66	12.22	35.64	0.19	31.54
玉米	产量/万t	29.62	0.40	8.72	83.67	34.29	0.01	180.51
	比例/%	8.78	0.12	2.59	24.81	10.17	0.00	53.53
豆类	产量/万t	8.52	6.68	2.44	10.00	9.64	0.04	0.69
	比例/%	22.41	17.57	6.42	26.31	25.36	0.11	1.82
水果	产量/万t	113.47	23.72	69.35	68.15	101.55	16.46	57.11
	比例/%	25.23	5.27	15.42	15.15	22.58	3.65	12.70
蔬菜	产量/万t	106.78	12.01	57.67	79.69	63.59	17.97	50.75
	比例/%	27.49	3.09	14.85	20.51	16.37	4.63	13.06
薯类	产量/万t	128.01	29.08	105.52	30.64	316.40	6.90	348.23
	比例/%	13.27	3.01	10.94	3.18	32.79	0.72	36.09
油料作物	产量/万t	19.73	9.20	20.79	14.17	19.60	1.96	6.81
	比例/%	21.39	9.97	22.53	15.36	21.24	2.13	7.38
糖料作物	产量/万t	72.64	6.09	9.92	56.00	224.73	1.50	61.16
	比例/%	16.81	1.41	2.30	12.96	52.02	0.35	14.15

2. 各县土地资源生产力

水稻和小麦是孟加拉国的主要粮食作物，根据数据的可获取程度，本节以水稻和小麦为例，对 2011～2017 年孟加拉国县域土地资源生产力的时空格局进行了分析。

孟加拉国水稻种植广泛，但县域水稻产量差异较大。2017 年迈门辛、瑙冈、迪纳杰布尔、博格拉、杰索尔 5 县水稻产量位居前五，均超过 100 万 t。蒙希甘杰、科格拉焦里、纳拉扬甘杰、兰加马蒂、班多尔班县水稻产量较低，均低于 15 万 t。2011～2017 年，42 个县水稻产量有所下降，其中苏纳姆甘杰、吉绍尔甘杰、内德罗戈纳、库米拉、锡拉杰甘杰 5 个县下降最大，均超过 35 万 t，而锡莱特、毛尔维巴扎尔、博尔古纳、吉大港、博杜阿卡利 5 个县增产量超过 10 万 t（表 4-5）。

孟加拉国县域小麦产量差异较大，2011 年以来近 6 成县域小麦产量增加。2011～2017 年，孟加拉国 26 个县域小麦产量下降。其中，梅黑尔布尔县和库什蒂亚县下降量较大，超过 1 万 t。迪纳杰布尔、班乔戈尔、诺瓦布甘杰、瑙冈、塔古尔冈县小麦产量增量居前五，增量均已超过 2 万 t，且 5 个县的小麦产量总和占全国小麦总产量的 46.51%。其余各县小麦产量均较低（表 4-6）。

表 4-5　2011～2017 年孟加拉国各县水稻产量及其变化趋势　（单位：万 t）

县域名称	2011年	2012年	2013年	2014年	2015年	2016年	2017年	变化趋势
迈门辛	195.58	164.38	158.61	170.32	177.41	169.52	176.14	
瑙冈	173.00	143.08	151.30	158.71	158.83	154.41	153.47	
迪纳杰布尔	134.34	128.28	133.87	138.12	136.55	139.40	133.32	
博格拉	143.62	117.41	122.96	127.71	122.24	122.52	124.76	
杰索尔	140.02	110.92	105.46	106.81	107.83	104.79	105.91	
朗普尔	96.06	88.71	94.76	100.23	107.82	104.53	103.72	
库米拉	140.69	112.34	113.56	111.48	102.92	106.86	101.54	
坦盖尔	130.63	92.65	90.06	94.22	99.43	98.60	96.55	
内德罗戈纳	131.83	96.22	104.54	102.33	99.10	103.86	85.17	
戈伊班达	88.41	73.61	77.24	79.15	80.45	77.55	80.53	
锡拉杰甘杰	117.36	75.90	74.42	75.70	81.36	76.71	78.54	
吉大港	57.02	80.32	83.32	79.89	80.23	77.67	76.69	
吉绍尔甘杰	150.43	97.03	94.25	89.50	95.05	92.33	73.75	
杰马勒布尔	103.49	75.50	76.02	76.07	72.05	77.91	72.40	
古里格拉姆	75.85	53.91	56.98	65.24	66.41	66.32	67.60	
切尼达	75.28	68.10	64.62	67.66	67.27	67.48	66.24	
尼尔帕马里	61.98	59.60	62.58	60.84	66.28	62.93	64.14	
霍比甘杰	75.06	63.88	62.79	61.44	69.24	69.34	62.09	
波拉	50.41	64.19	61.45	61.26	62.00	62.92	61.93	
塔古尔冈	53.60	56.71	51.47	57.46	61.56	59.23	61.69	
诺阿卡利	54.86	54.62	56.07	58.90	59.34	58.14	59.09	
萨德基拉	54.14	50.82	54.09	58.13	59.36	57.81	58.78	

续表

县域名称	2011年	2012年	2013年	2014年	2015年	2016年	2017年	变化趋势
拉杰沙希	67.01	60.33	59.49	58.77	61.13	58.71	57.61	
婆罗门巴里亚	88.61	57.57	52.18	54.95	57.69	55.92	56.15	
锡莱特	43.14	62.16	61.97	65.54	61.39	68.41	55.89	
坚德布尔	54.04	35.61	34.69	30.64	31.73	30.73	53.18	
谢尔布尔	75.87	58.93	55.36	53.62	52.62	53.50	52.89	
焦伊布尔哈德	58.98	46.99	49.08	50.01	47.12	47.74	48.20	
毛尔维巴扎尔	32.30	45.38	48.57	49.20	49.55	53.83	47.31	
博里萨尔	51.38	56.29	52.21	52.17	47.51	49.56	47.21	
库尔纳	33.44	36.34	38.73	45.40	43.77	43.10	45.81	
巴布纳	59.64	50.02	51.41	49.52	49.36	46.56	45.74	
诺多尔	59.34	48.80	42.18	42.92	43.84	41.67	42.76	
博杜阿卡利	13.99	48.16	48.09	47.17	45.17	44.22	42.67	
诺瓦布甘杰	48.32	41.70	42.05	42.36	43.52	41.16	42.56	
巴凯尔哈德	31.90	32.99	35.43	37.43	38.67	38.77	41.22	
拉尔莫尼哈德	44.59	41.03	41.63	42.35	42.78	40.62	41.18	
班乔戈尔	36.66	39.35	40.37	39.96	41.93	40.58	39.80	
库什蒂亚	35.88	49.89	48.12	41.87	41.99	39.15	38.85	
戈巴尔甘尼	70.87	41.62	39.93	37.85	40.04	38.82	38.64	
科克斯巴扎尔	34.44	39.02	39.64	36.09	34.48	34.99	37.63	
罗基布尔	26.65	33.55	37.23	36.69	34.94	33.25	34.05	
加济布尔	44.52	37.19	35.24	32.97	33.58	33.42	32.81	
苏纳姆甘杰	131.91	76.62	76.04	78.42	81.90	82.09	32.11	
费尼	24.06	33.82	33.12	34.43	31.97	33.06	31.22	
朱瓦当加	33.74	31.53	30.34	32.96	32.18	32.84	31.14	
马古拉	34.15	31.20	27.88	29.50	30.76	27.47	29.22	
马尼格甘杰	44.88	28.91	28.92	29.78	31.92	28.14	28.39	
诺尔辛迪	44.85	32.87	31.85	29.46	28.87	28.64	28.29	
博尔古纳	9.00	26.97	27.57	26.86	25.33	26.22	25.71	
诺拉尔	31.82	23.22	22.12	19.14	22.89	21.46	23.72	
达卡	45.47	22.88	21.92	22.76	22.27	23.90	23.60	
比罗杰布尔	19.27	24.09	22.65	22.74	24.36	22.39	23.05	
福里德布尔	32.25	28.59	27.10	28.18	24.73	25.44	22.85	
马达里布尔	36.78	21.35	20.09	19.84	20.47	20.00	18.50	
梅黑尔布尔	20.02	18.38	17.35	17.39	19.05	16.85	18.47	
拉杰巴里	16.75	15.94	16.69	17.31	16.80	17.36	15.75	
沙里亚德布尔	26.47	15.45	14.22	15.77	15.21	14.29	14.49	
恰洛加蒂	10.06	16.13	13.69	14.41	14.56	12.65	13.63	
蒙希甘杰	18.10	11.60	11.58	11.74	12.83	12.05	12.41	
科格拉焦里	7.73	13.04	12.98	11.70	11.80	11.46	11.60	
纳拉扬甘杰	23.73	14.21	13.56	13.13	11.47	10.96	11.26	
兰加马蒂	7.08	6.28	5.11	6.91	6.78	6.71	6.95	
班多尔班	3.29	4.84	4.57	4.75	5.47	5.44	5.21	

表 4-6　2011～2017 年孟加拉国各县小麦产量及其变化趋势　（单位：万 t）

县域名称	2011年	2012年	2013年	2014年	2015年	2016年	2017年	变化趋势
塔古尔冈	14.22	14.43	17.19	17.33	18.73	19.98	22.68	
巴布纳	8.64	8.29	10.77	12.23	12.64	12.11	10.41	
诺瓦布甘杰	4.47	3.66	6.86	9.31	9.02	9.82	9.64	
瑙冈	2.77	4.18	5.87	6.05	6.32	7.04	9.22	
福里德布尔	7.08	7.23	9.07	10.28	10.38	9.53	9.04	
班乔戈尔	4.54	4.35	5.26	5.39	5.34	6.53	8.93	
拉杰沙希	7.24	8.70	9.74	9.25	9.37	9.00	8.88	
迪纳杰布尔	5.35	4.67	5.94	5.98	6.64	7.20	7.46	
诺多尔	7.74	7.48	8.41	8.21	8.12	6.80	7.11	
拉杰巴里	4.07	4.05	5.13	4.95	4.83	4.54	4.04	
古里格拉姆	2.00	2.25	2.81	3.12	3.65	3.83	3.89	
戈巴尔甘尼	1.14	1.20	1.80	1.81	2.38	2.10	2.53	
库什蒂亚	3.59	4.57	5.23	4.98	5.20	4.55	2.27	
杰马勒布尔	0.00	0.00	0.00	2.05	2.26	2.27	2.03	
梅黑尔布尔	4.23	4.97	5.51	5.45	5.72	4.54	1.99	
马达里布尔	0.97	1.03	1.70	1.65	1.54	1.62	1.90	
尼尔帕马里	0.96	0.93	0.92	1.08	1.40	1.44	1.87	
坦盖尔	1.27	1.51	1.55	1.72	1.59	1.73	1.67	
马古拉	2.02	2.06	3.27	2.87	2.77	2.12	1.66	
锡拉杰甘杰	0.54	0.52	0.67	1.54	1.64	1.81	1.56	
沙里亚德布尔	1.10	0.79	1.76	1.43	1.38	1.33	1.28	
诺拉尔	0.64	0.61	1.03	1.05	0.99	1.10	1.26	
朗普尔	0.82	0.76	0.71	0.93	0.97	1.06	1.12	
切尼达	1.81	1.85	2.06	2.07	2.26	2.42	0.94	
戈伊班达	0.50	0.37	0.51	0.82	0.61	0.86	0.87	
杰索尔	0.92	0.90	1.50	1.23	0.94	1.03	0.77	
博格拉	0.26	0.29	0.42	0.43	0.45	0.41	0.61	
谢尔布尔	0.18	0.22	0.45	0.33	0.28	0.17	0.61	
朱瓦当加	1.28	1.72	1.90	1.84	2.24	1.71	0.54	
拉尔莫尼哈德	0.29	0.31	0.38	0.42	0.41	0.43	0.50	
波拉	0.63	0.65	0.72	0.82	1.00	1.90	0.48	
萨德基拉	0.25	0.27	0.25	0.26	0.39	0.54	0.47	
库米拉	0.52	0.50	0.39	0.32	0.31	0.29	0.39	
迈门辛	0.24	0.24	0.27	0.49	0.34	0.28	0.32	
焦伊布尔哈德	0.37	0.36	0.36	0.36	0.27	0.28	0.32	
吉绍尔甘杰	0.53	0.33	0.37	0.29	0.25	0.25	0.30	
马尼格甘杰	0.25	0.19	0.23	0.20	0.28	0.35	0.26	
婆罗门巴里亚	1.08	0.93	1.29	0.40	0.38	0.32	0.23	
内德罗戈纳	0.51	0.31	0.36	0.31	0.24	0.15	0.19	
苏纳姆甘杰	0.03	0.01	0.01	0.01	0.05	0.13	0.16	
坚德布尔	0.32	0.43	0.67	0.32	0.30	0.25	0.14	
霍比甘杰	0.13	0.06	0.05	0.09	0.09	0.08	0.10	
库尔纳	0.03	0.03	0.11	0.06	0.13	0.13	0.09	
巴凯尔哈德	0.05	0.05	0.05	0.05	0.08	0.07	0.08	
达卡	0.07	0.06	0.05	0.07	0.07	0.07	0.07	
博里萨尔	0.13	0.14	0.16	0.20	0.31	0.45	0.06	
锡莱特	0.04	0.03	0.04	0.02	0.03	0.03	0.05	
诺尔辛迪	0.16	0.15	0.24	0.08	0.06	0.04	0.04	
纳拉扬甘杰	0.23	0.04	0.04	0.04	0.04	0.03	0.03	
恰洛加蒂	0.91	0.78	1.32	0.01	0.02	0.02	0.03	
比罗杰布尔	0.00	0.01	0.01	0.02	0.03	0.04	0.02	
毛尔维巴扎尔	0.01	0.01	0.02	0.02	0.02	0.02	0.02	
加济布尔	0.03	0.03	0.02	0.02	0.02	0.02	0.01	
博杜阿卡利	0.00	0.00	0.00	0.00	0.01	0.02	0.00	
门希甘杰	0.04	0.03	0.02	0.01	0.00	0.00	0.00	
费尼	0.02	0.01	0.01	0.01	0.01	0.01	0.00	
罗基布尔	0.01	0.01	0.01	0.00	0.00	0.00	0.00	
吉大港	0.00	0.00	0.00	0.00	0.00	0.00	0.00	
诺阿卡利	0.01	0.01	0.01	0.01	0.00	0.00	0.00	
博尔古纳	0.00	0.00	0.00	0.00	0.00	0.00	0.00	

县域名称	2011年	2012年	2013年	2014年	2015年	2016年	2017年	变化趋势
班多尔班	0.00	0.00	0.00	0.00	0.00	0.00	0.00	✦✦✦✦✦✦✦
科克斯巴扎尔	0.00	0.00	0.00	0.00	0.00	0.00	0.00	✦✦✦✦✦✦✦
科格拉焦里	0.00	0.00	0.00	0.00	0.00	0.00	0.00	✦✦✦✦✦✦✦
兰加马蒂	0.00	0.00	0.00	0.00	0.00	0.00	0.00	✦✦✦✦✦✦✦

4.3　食物消费结构与膳食营养水平

食物消费水平与膳食营养来源结构决定了人体食物消费量和营养素摄入是否能满足正常生理需求，是土地资源承载力评价的重要方面。本节基于联合国粮食及农业组织（FAO）食物平衡表数据，从主要食物消费结构、膳食营养水平以及膳食营养来源结构等方面定量分析孟加拉国居民食物消费结构与膳食营养水平，探讨孟加拉国膳食营养素的主要来源，以期为开展孟加拉国土地资源承载力评价提供量化支持。

4.3.1　居民主要食物消费结构

食物消费结构是国家食物发展水平的重要体现，可从食物消费数量上反映日常膳食对土地资源的压力。资料表明，在进入较高食物消费阶段前后，居民食物消费结构一般呈现出谷物直接作为口粮的消费量下降，而包括饲料粮在内的粮食总消耗量增加，肉类、奶类、蛋类，以及水果、蔬菜、糖料的消费量都呈稳定增加的特点（史登峰和封志明，2004）。基于 FAO 数据库，本节对孟加拉国 1995~2017 年主要食物的消费结构进行了分析。

从植物性食物消费来看，孟加拉国年人均谷物消费量呈现出低位稳定到高位稳定的变化态势，从 180.04kg 增加至 287.31kg，2017 年较 1995 年增加了 59.58%。人均根茎类食物消费量呈阶梯式增长态势，近年来趋于稳定，年人均根茎类食物消费量从 13.91kg 增加至 51.46kg，增幅居各类食物消费量增幅之首。蔬菜和水果消费量快速增长，年人均消费量分别从 11.85kg 和 11.06kg 增加至 35.10kg 和 27.62kg。年人均油料消费量有所下降，从 1.07kg 下降到 0.80kg；豆类、糖料年人均消费量缓慢增长，分别从 4.40kg 和 7.36kg 增加到 6.81kg 和 8.95kg（图 4-9）。

通过对动物性食物消费分析发现，孟加拉国蛋类消费量快速增长，年人均消费量从 0.87kg 增长至 2.85kg，2017 年较 1995 年增长了 227.59%。肉类和奶类消费量增长缓慢，分别从 3.35kg 和 14.39kg 增长到 4.05kg 和 18.10kg，2017 年较 1995 年分别增长了 20.90% 和 25.78%（图 4-10）。

通过与世界平均消费水平对比发现，除谷物外，孟加拉国其余各类食物消费量均低于世界平均水平。1995~2017 年，孟加拉国谷物消费量从高于世界平均水平 30.76kg 增加至 114.63kg，对粮食的消费需求保持增长态势。根茎类消费与世界水平差距显著缩小，从 44.50kg 下降至 9.19kg。蔬菜类与世界平均水平差距明显扩大，从 76.62kg 上升至 104.42kg。其余各类食物与世界平均水平差距变化不大，水果、肉类和奶类仍与世界平均水平存在较大差距（图 4-11）。

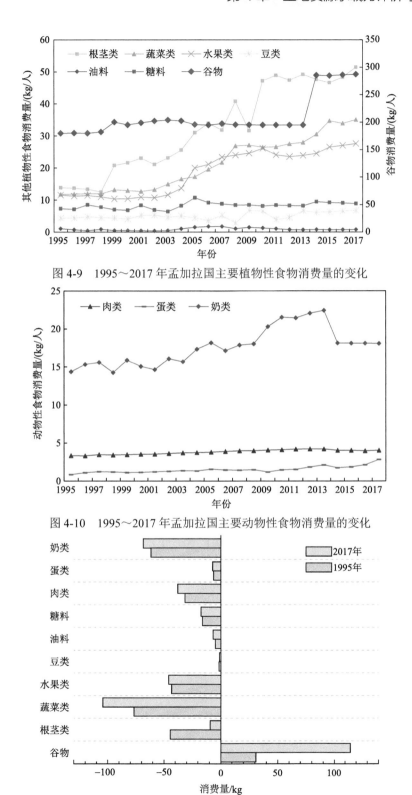

图 4-9　1995～2017 年孟加拉国主要植物性食物消费量的变化

图 4-10　1995～2017 年孟加拉国主要动物性食物消费量的变化

图 4-11　1995 年和 2017 年孟加拉国主要食物消费量与世界平均水平差距对比

4.3.2　居民膳食营养水平和营养来源

FAO 食物平衡表统计数据显示，1995～2017 年孟加拉国营养摄入水平在改善。其中，人均日热量摄入量增幅较小，从 2043kcal 增加至 2596kcal，增加了 27.07%。人均日蛋白质摄入量增幅居中，从 43.96g 增加到 60.28g，增加了 37.12%。人均日脂肪摄入量增幅最高，从 20.59g 增加至 33.95g，增加了 64.89%。可以看出，孟加拉国营养摄入水平在改善（图 4-12）。但与世界平均水平相比还存在较大的差距，2017 年，孟加拉国人均热量、蛋白质和脂肪摄入水平分别为世界平均水平的 89.00%、72.77% 和 40.33%。

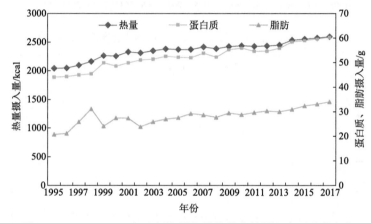

图 4-12　1995～2017 年孟加拉国宏量营养素的摄入水平及其变化

在对居民主要营养素摄入水平进行宏量分析的基础上，通过进一步对热量、蛋白质和脂肪的营养来源分析得出以下发现。

热量摄入来源方面，谷物是孟加拉国居民热量供给的主要来源，2017 年占热量供给的 75.04%。1995～2017 年，谷物供给比下降了 8.03%，油料和糖料供给比分别从 0.64%、3.18% 下降到 0.27%、2.85%，其余各类食物供给比均有不同程度上升，其中根茎类供给比增长了 2.48%，增长较为显著（图 4-13）。

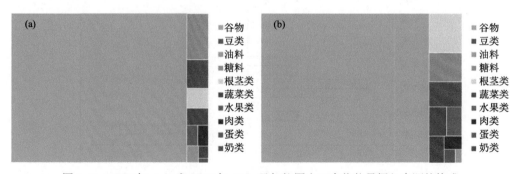

图 4-13　1995 年（a）和 2017 年（b）孟加拉国人口食物热量摄入来源的构成

通过对蛋白质摄入来源分析发现，谷物是孟加拉国居民蛋白质供给的主要来源，2017 年占到蛋白质供给比的 63.45%，其次是豆类和根茎类，分别为 6.50% 和 3.92%，其余各类食物蛋白质供给比均较低。1995~2017 年，谷物供给比下降了 13.12%，油料、糖料和肉类供给比也略有下降。其余各类食物蛋白质供给比均有不同程度上升（图 4-14）。

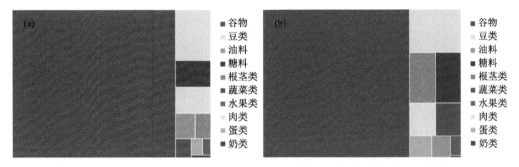

图 4-14 1995 年（a）和 2017 年（b）孟加拉国居民主要蛋白质摄入来源的构成

通过对脂肪摄入来源分析发现（Shaheen et al.，2013），谷物、奶类、肉类的脂肪供给比位居前三，2017 年分别为 45.24%、20.86% 和 11.90%，其余各类食物脂肪供给比较低。2017 年谷物的脂肪供给比相比 1995 年下降了 6.50%，油料供给比下降了 2.67%，肉类和奶类的脂肪供给比也略有下降。相反，豆类、根茎类、蔬菜类、水果类、蛋类的脂肪供给比均有不同程度的小幅度上升（图 4-15）。

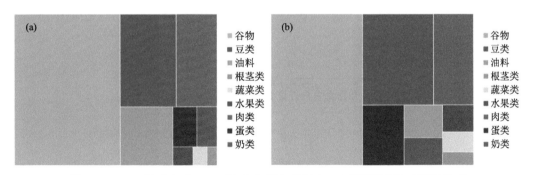

图 4-15 1995 年（a）和 2017 年（b）孟加拉国人口主要脂肪摄入来源的构成

4.4 土地资源承载力与土地资源承载状态

本节主要根据孟加拉国国家及专区尺度的土地生产力，结合孟加拉国居民食物和宏量营养素摄入量，基于人粮平衡和当量平衡，从国家和专区两个尺度，测算孟加拉国土地资源承载力和土地资源承载指数，分析孟加拉国土地资源承载力和承载状态。

4.4.1 基于人粮平衡的耕地资源承载力与承载状态

基于人粮平衡的耕地资源承载力是指一定粮食消费水平下区域耕地资源所能持续供养的人口规模，人粮关系状态是区域耕地资源承载状态的重要表征（封志明等，2008）。本小节主要从人粮关系出发，分析孟加拉国耕地资源承载力，探讨耕地资源承载指数与承载状态。

1. 耕地资源承载力

从国家水平上，根据孟加拉国居民食物消费水平以及膳食营养需求结构分析，以孟加拉国年人均粮食消费 345kg 为标准计算，1995～2017 年，孟加拉国耕地资源承载力从8030.18 万人增长至约 1.70 亿人，期末较期初增长了 111.14%。孟加拉国耕地资源承载人口数量逐渐增加，基于人粮平衡的耕地资源承载力逐渐增强。

就地均耕地资源承载力而言，孟加拉国农业生产条件相对优越，每平方千米可承载人口从 544 人增长到 1148 人，地均承载力处于较高水平（图 4-16、表 4-7）。

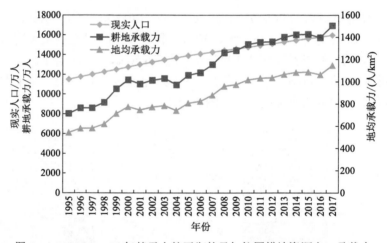

图 4-16　1995～2017 年基于人粮平衡的孟加拉国耕地资源人口承载力

表 4-7　1995～2017 年基于人粮平衡的耕地资源承载力

年份	耕地承载力/万人	地均承载力/（人/km²）	年份	耕地承载力/万人	地均承载力/（人/km²）
1995	8030	544	2002	11403	772
1996	8586	582	2003	11599	786
1997	8601	583	2004	10945	741
1998	9153	620	2005	11927	808
1999	10552	715	2006	12187	826
2000	11450	776	2007	12997	880
2001	11023	747	2008	14187	961

续表

年份	耕地承载力/万人	地均承载力/（人/km²）	年份	耕地承载力/万人	地均承载力/（人/km²）
2009	14416	977	2014	16012	1085
2010	15033	1018	2015	16069	1088
2011	15255	1033	2016	15728	1065
2012	15305	1037	2017	16955	1148
2013	15756	1067	—	—	—

2. 基于人粮平衡的耕地资源承载状态

孟加拉国耕地资源承载力压力逐渐减小，人粮关系逐渐改善。1995～2017 年，孟加拉国耕地资源承载指数从 1.43 下降至 0.94，耕地资源承载状态从超载、临界超载逐渐转为平衡有余。其中，1995～2006 年除 2000 年外，其余年份耕地资源承载状态均处于超载状态，人粮关系紧张。2007 年以来，人粮关系逐渐改善，耕地资源承载状态处于临界超载和平衡有余状态，耕地资源逐渐出现盈余（图 4-17）。

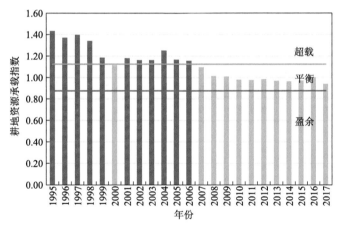

图 4-17　1995～2017 年基于人粮平衡的孟加拉国耕地资源承载状态的变化

4.4.2　基于当量平衡的土地资源承载力与承载状态

基于当量平衡的土地资源承载力是指一定食物消费水平下区域土地资源所能持续供养的人口规模，可用一定宏量营养素（热量、蛋白质和脂肪）摄入水平下，区域粮食和畜产品等转换的宏量营养素总量所能持续供养的人口来度量。本小节主要从人地关系出发，定量计算孟加拉国土地资源承载力与承载指数，分析土地资源承载力与承载状态。

孟加拉国疾病康复研究所（BIRDEM）2013 年主编的《孟加拉国膳食指南》（Nahar et al.，2013）中，根据孟加拉国居民体质情况，在平衡膳食模式下该国成年居民平均每天需求的热量为2430kcal,以此为标准计算孟加拉国热量供需平衡视角下的土地资源承载力。

1995~2017 年,基于热量平衡的土地资源承载力从 8168.89 万人增长至 15597.22 万人,较期初增加了 90.93%,土地资源承载力在增强。在地均承载力方面,1995~2017 年,孟加拉基于热量平衡的土地资源承载力从 553 人/km² 增加到 1057 人/km²,整体上呈上升趋势(图 4-18、表 4-8)。

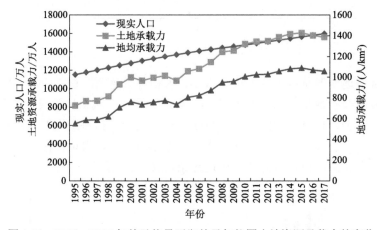

图 4-18　1995~2017 年基于热量平衡的孟加拉国土地资源承载力的变化

表 4-8　1995~2017 年基于热量平衡的土地资源承载力

年份	土地承载力/万人	地均承载力/(人/km²)	年份	土地承载力/万人	地均承载力/(人/km²)
1995	8168.89	553	2007	12891.54	873
1996	8664.68	587	2008	14006.23	949
1997	8695.50	589	2009	14147.84	958
1998	9169.22	621	2010	14857.02	1006
1999	10461.92	709	2011	15123.93	1024
2000	11236.44	761	2012	15170.97	1028
2001	10865.99	736	2013	15599.74	1057
2002	11189.53	758	2014	15936.98	1080
2003	11403.54	772	2015	16062.32	1088
2004	10873.82	737	2016	15769.31	1068
2005	11890.13	805	2017	15597.22	1057
2006	12157.03	823	—	—	—

1995~2017 年,孟加拉国基于热量平衡的土地资源承载指数从 1.41 下降到 1.02,土地资源承载状态从超载逐渐转为临界超载、平衡有余。其中,1995~2006 年,除

2000 年外，其余年份土地资源承载力均处于超载状态，人地关系较为紧张。2007 年以来，人地关系逐渐改善，土地资源承载状态处于临界超载和平衡有余状态，逐渐出现盈余。可见，基于热量平衡的孟加拉国土地资源承载力压力逐渐减小，人地关系逐渐改善（图 4-19）。

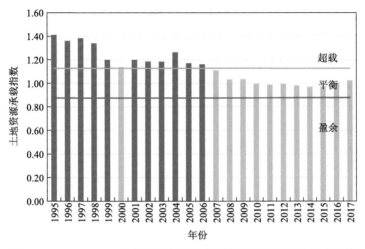

图 4-19 1995～2017 年基于热量平衡的孟加拉国土地承载状态变化

根据孟加拉国疾病康复研究所（BIRDEM）2013 年主编的《孟加拉国膳食指南》，结合孟加拉国居民体质情况，在平衡膳食模式下该国成年居民的蛋白质需求约为 61g/d，以此为标准计算孟加拉国蛋白质供需平衡视角下的土地资源承载力。1995～2017 年，基于蛋白质平衡的土地资源承载力从 8825.67 万人增长至 16975.43 万人，期末较期初增加了 92.34%。就地均承载力来看，孟加拉国基于蛋白质平衡的土地资源承载力从 598 人/km^2 增加到 1150 人/km^2（图 4-20、表 4-9）。

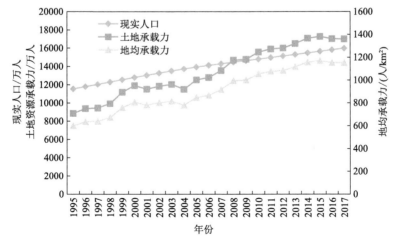

图 4-20 1995～2017 年基于蛋白质平衡的孟加拉国土地资源承载力的变化

表 4-9　1995～2017 年基于蛋白质平衡的土地资源承载力

年份	土地承载力/万人	地均承载力/（人/km²）	年份	土地承载力/万人	地均承载力/（人/km²）
1995	8825.67	598	2007	13519.19	916
1996	9342.12	633	2008	14651.54	992
1997	9409.24	637	2009	14739.38	998
1998	9896.33	670	2010	15534.33	1052
1999	11158.57	756	2011	15866.89	1075
2000	11872.39	804	2012	15980.47	1082
2001	11491.94	778	2013	16484.85	1117
2002	11810.22	800	2014	17058.88	1156
2003	12007.09	813	2015	17253.03	1169
2004	11479.47	778	2016	17005.57	1152
2005	12501.13	847	2017	16975.43	1150
2006	12757.94	864	—	—	—

　　1995～2017 年，孟加拉国基于蛋白质平衡的土地资源承载指数从 1.30 下降到 0.94，土地资源承载状态从超载逐渐转为临界超载、平衡有余。其中，1995～1998 年、2001年、2004 年，土地资源承载力均处于超载状态，人地关系较为紧张。1999～2000 年、2002～2003 年以及 2005 年以来，人地关系逐渐改善，土地资源承载状态处于临界超载和平衡有余状态，逐渐出现盈余（图 4-21）。孟加拉国基于蛋白质平衡的土地资源承载力压力逐渐减小，人地关系逐渐改善。

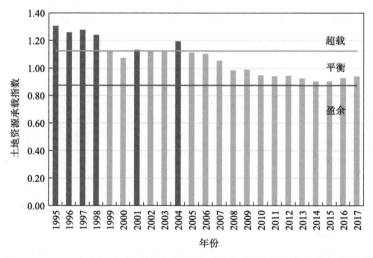

图 4-21　1995～2017 年基于蛋白质平衡的孟加拉国土地承载状态的变化

　　根据《孟加拉国膳食指南》，结合孟加拉国居民体质情况，在平衡膳食模式下该国成年脂肪需求约为 54g/d，以此为标准计算孟加拉国脂肪供需平衡视角下的土地资源承载力。1995～2017 年, 基于脂肪供需平衡的土地资源承载力从 3479.23 万人增长至 6825.76 万人, 期末较期初增加了 96.19%。就地均承载力来看, 1995～2017 年, 孟加拉国基于脂肪供需平衡的土地资源承载力从 236 人/km² 增加到 462 人/km², 整体呈增加趋势, 但仍处于较低水平 (图 4-22 和表 4-10)。

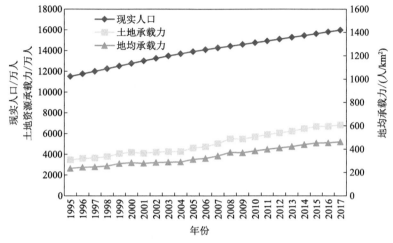

图 4-22　1995～2017 年基于脂肪平衡的孟加拉国土地资源承载力的变化

表 4-10　1995～2017 年基于脂肪平衡的土地资源承载力

年份	土地承载力/万人	地均承载力/ (人/km²)	年份	土地承载力/万人	地均承载力/ (人/km²)
1995	3479.23	236	2007	5058.13	343
1996	3622.30	245	2008	5519.42	374
1997	3673.56	249	2009	5473.63	371
1998	3794.80	257	2010	5695.15	386
1999	4092.06	277	2011	5907.91	400
2000	4212.13	285	2012	6075.84	412
2001	4114.91	279	2013	6237.26	422
2002	4229.23	286	2014	6489.66	440
2003	4271.13	289	2015	6686.86	453
2004	4280.21	290	2016	6714.31	455
2005	4631.14	314	2017	6825.76	462
2006	4747.16	322	—	—	—

1995～2017 年, 孟加拉国基于脂肪平衡的土地资源承载指数从 3.31 下降到 2.34, 但土地资源始终处于严重超载状态, 人地关系紧张。脂肪供应不足是孟加拉国土地资源承载力未来面临的主要问题之一 (图 4-23 和表 4-10)。因此孟加拉国基于脂肪平衡的土地资源承载力压力逐渐减小, 但人地关系依然紧张。

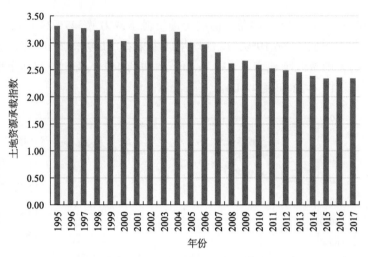

图 4-23　1995～2017 年基于脂肪平衡的孟加拉国土地承载状态的变化

4.4.3　分专区土地资源承载力与承载状态

在孟加拉国土地资源承载力评价的基础上，根据数据的可得性，本节以 2015～2017 3 年资源承载力均值为现状水平的表征，从人粮关系和人地关系（热量平衡）两个维度分析孟加拉国各专区的土地资源承载力与承载状态。

1. 人粮平衡

从耕地资源承载力总量上看，朗普尔专区位于孟加拉国北部，受洪涝等自然灾害的影响小，该区域的谷物、玉米、薯类等粮食作物产量高，耕地资源承载力最高，为 3987.70 万人。达卡专区和拉杰沙希专区的小麦、水稻产量也较高，耕地资源承载力处于 3000 万人以上。吉大港专区耕地承载力不高，为 1902.96 万人。博里萨尔专区和锡莱特专区的粮食作物产量较低，耕地资源承载力在 800 万人左右，耕地资源承载力水平较低。

就地均耕地资源承载力而言，朗普尔专区每平方千米承载人口 2578 人，地均承载力居 7 大专区首位。拉杰沙希专区、达卡专区和库尔纳专区的地均耕地资源承载力均大于 1000 人。而吉大港专区、锡莱特专区、博里萨尔专区地均耕地资源承载力均较低，其中吉大港专区的地均承载力最低，每平方千米承载人口仅 665 人（表 4-11）。

表 4-11　2015～2017 年孟加拉国各专区耕地资源承载力统计

专区	2015～2017 年均值		
	耕地承载力/万人	地均承载力/（人/km²）	耕地资源承载指数
达卡	3392.74	1166	1.53
博里萨尔	839.77	950	1.07
吉大港	1902.96	665	1.65
库尔纳	2009.47	1042	0.85

续表

专区	2015～2017 年均值		
	耕地承载力/万人	地均承载力/（人/km²）	耕地资源承载指数
拉杰沙希	3307.87	1925	0.61
锡莱特	810.34	693	1.34
朗普尔	3987.70	2578	0.44

从人粮关系的耕地资源状态来看，朗普尔专区的耕地资源承载力最高，该区域发展农业条件好，且人口密度适中，承载指数为 0.44，人粮关系较优，始终处于富富有余状态；拉杰沙希和库尔纳专区的承载指数分别为 0.61 和 0.85，该区域内的小麦、玉米等粮食作物产量较高，人口数量适中，保持着盈余状态，人粮关系较为和缓；而锡莱特、吉大港、博里萨尔、达卡 4 个专区的承载指数始终介于 1.0～1.85，达卡专区是孟加拉国首都和第一大城市达卡所在区域，人口集聚程度高、密度大，位于孟加拉湾的城市吉大港，是孟加拉国最大的港口城市和全国第二大城市，锡莱特专区的国土面积最小，人口密度大，博里萨尔主要粮食作物产量较低，以上 4 个专区处于临界超载、超载或严重超载状态，人粮关系紧张，其中锡莱特专区和吉大港专区耕地资源承载已处于严重超载状态，人粮关系急需改善（图 4-24）。

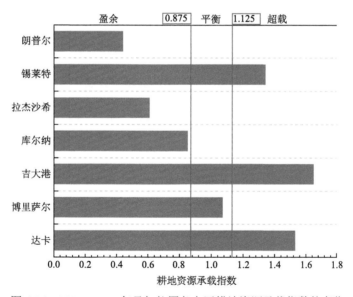

图 4-24 2015～2017 年孟加拉国各专区耕地资源承载指数的变化

2. 人地平衡

各专区的人口数量和土地生产力不同，因此基于热量供需平衡的土地资源承载力之间也存在较大的差距。达卡、朗普尔和拉杰沙希专区位于北部平原地区，土地生产力高，土地资源承载力均在 3000 万人水平；吉大港专区和库尔纳专区的土地资源承载力较低，在 1700 万～2300 万人范围内；而博里萨尔和锡莱特专区由于农作物产量一直处于低水平，土地面积也较少，土地资源承载力一直处于低水平，在 800 万～900 万人之间。

从地均土地承载力变化来看，朗普尔专区和拉杰沙希专区的地均土地资源承载力较高，在每平方千米承载 2000 人左右变化；达卡专区由于人口数量大，地均承载力下降，达卡和库尔纳专区的地均承载力为每平方千米承载 1100～1200 人；其他的 3 个专区地均土地资源承载力每平方千米均低于 1000 人，处于较低水平（表 4-12）。

表 4-12　2015～2017 年孟加拉国各专区土地资源承载力统计

专区	2015～2017 年均值		
	土地承载力/万人	地均承载力/（人/km²）	土地资源承载指数
达卡	3468.01	1192	1.50
博里萨尔	828.08	937	1.09
吉大港	1727.56	604	1.82
库尔纳	2250.46	1167	0.76
拉杰沙希	3371.66	1962	0.60
锡莱特	831.41	711	1.33
朗普尔	3332.44	2154	0.52

从各专区土地资源承载指数计算结果分析得到，朗普尔专区土地生产力高，该专区的承载指数为 0.52，人地关系和谐，处于盈余状态；拉杰沙希和库尔纳的土地承载力也较高，土地承载指数介于 0.6～0.8 之间，处于盈余状态，人地关系相对和缓；吉大港专区和达卡专区的经济较发达，人口数量多，土地资源承载指数大于 1.5，始终处于严重超载状态；锡莱特的土地资源承载力处于较低水平，因此人地关系紧张，处于超载状态（图 4-25）。

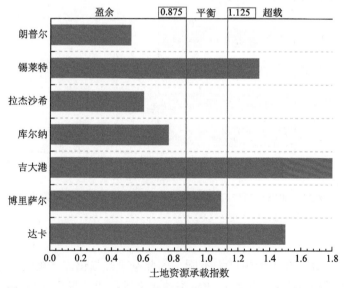

图 4-25　2015～2017 年孟加拉国各专区土地资源承载指数的变化

4.5　土地资源承载力提升策略与增强路径

基于孟加拉国土地资源承载力的研究发现，孟加拉国耕地资源总量多但人均占有量少，土地资源生产力高但稳定性低，食物消费水平与膳食营养水平都远低于世界平均水平，人粮关系和人地关系仍较为紧张，部分地区土地资源超载严重，人地关系发展过程中仍有部分问题需改善。本节对孟加拉国土地资源承载力发展过程存在的问题进行归纳总结，并提出相应的建议与策略。

4.5.1　存在的问题

1. 自然灾害频发，食物生产稳定性易受影响

孟加拉国位于南亚次大陆东北部诸多大河汇集的下游三角洲平原，属于热带季风气候，境内河网密布，50%左右国土面积海拔为 6～7m，近 7 成国土面积属洪水易灾区，近 3 成国土面积易被洪水淹没，潜在风险程度较高。特殊的地理位置、低纬度河口三角洲地形特点、河网众多的水系特征以及季风气候等多种自然因子相互作用，导致孟加拉国自然灾害易发多发（李永祥，2018），超 7 成的人口暴露在洪灾风险之下，影响食物生产和供给的稳定性，例如 2004 年洪水灾害导致了孟加拉国经济损失 22 亿美元，粮食总产量较往年减产近 300 万 t，制约了孟加拉国土地资源承载力的提高。

2. 耕地面积快速减少，农业生产基础不稳

1995～2017 年，孟加拉国耕地面积减少了 70.67 万 hm^2。在人口增加和耕地面积下降的双重影响下，人均耕地期末较期初下降了 33.94%，仅为 0.05hm^2，不足世界人均耕地的 1/3，所伴随的是农业生产的耕地基础快速薄弱化，这将给农业生产特别是食物供给造成深远影响。

3. 营养素来源较单一，动物性食物消费偏少

1995～2017 年，孟加拉国人均谷物消费量整体高于世界平均水平，当前处于高谷物发展阶段，但其他各类食物消费量均低于世界平均水平，以水果、肉类和奶类最为突出。宏量营养素摄入水平仍低于世界平均水平，其中蛋白质和脂肪分别仅为全球平均摄入水平的 72.77%和 40.33%，营养摄入不足问题突出。从营养素供给来源看，谷物是三大宏量营养素的主要来源，植物性食物供给营养素比例高，肉奶类等优质蛋白质供给比较少，营养素来源相对单一。从人体生理需求和健康发展来看，未来孟加拉国面临着提高非谷物供给能力、改善食物供给结构、增加肉蛋奶供给比例等多重问题。

4. 土地承载能力区域发展不平衡，人地关系相对紧张

从全国尺度来看，孟加拉国基于人粮关系的耕地资源承载力和基于当量平衡的土地

资源承载力逐渐提高，但受人口数量快速增长影响，人粮关系仍处于临界超载和平衡有余边缘，基于脂肪供需平衡的人地关系处于严重超载状态。从各专区尺度看，承载力地区发展不均，吉大港专区、达卡专区和博里萨尔专区受地理位置影响，处于河流下游，易受洪涝等自然灾害影响，且吉大港和达卡是全国最大的两座城市，人口数量多，锡莱特专区丘陵居多，各类农作物的产量较低，4个专区的人地关系紧张。

4.5.2 提升策略与增强路径

1. 加强基础设施建设，提高国家防灾减灾能力

孟加拉国自然灾害多发易发，对农业生产稳定性造成严重影响，为保证有效和稳定的食物供给，要坚持防灾与减灾并重原则，加强农业基础设施建设，提高农业生产的防灾减灾能力，稳定食物生产，保证食物供应。一方面，采取工程技术措施，建设农田防灾工程，提高减灾能力，增加灾害预报设施密度，提高灾害预警能力；另一方面，采取非工程措施，主要是加强防灾减灾制度体系建设，提高政府防灾减灾综合管理能力和应急反应能力，加强农业从业者培训，加强农业生产者防灾减灾意识和个人应对灾害的能力建设。通过工程措施与非工程措施相结合，实现农业领域综合防灾减灾能力的提升。

2. 夯实农业生产基础，增加农业科技投入

孟加拉国土地资源承载力受限于减少的耕地资源和相对较低的农业技术水平，土地资源承载力的提升需要从夯实农业生产的耕地基础和提高粮食产量的农业技术水平入手。一方面，需要加强耕地数量保护，建立耕地保护制度，合理控制耕地转为非耕地面积，稳定有序推进土地开发、整理工作，控制耕地面积减少，增加耕地面积供给；加强耕地质量保护，提高田间设施水平，保护耕地生产能力，夯实食物生产基础。通过耕地数量保护和质量保护，实现藏粮于"土"，为提高土地资源承载力提供土地保证。另一方面，加强"硬"科技投入，提高高产种子播种面积比、增加农药化肥投入及农业机械使用率，进一步提高粮食单产水平，提高农业生产效率，提高农产品产量。另一方面，开展农业技术培训，提高农业从业者生产技能水平，促进农业发展模式从粗放发展模式向精细发展模式转变，提高田间治理水平，保障农业高产稳产。通过"硬"件改善和"软"件投入，实现藏粮于"技"，为提高土地资源承载力提供综合技术支撑。

3. 优化食物生产结构，改善营养摄入水平

食物消费关乎人体生理健康和土地资源承载力压力，孟加拉国仍处于高谷物的食物发展阶段，膳食营养来源结构单一，脂肪摄入严重不足，食物发展与世界水平存在较大差距。食物生产从根本上决定了食物消费水平和消费结构，改善食物消费状况需要从优化食物生产入手。需要在提高农产品供给总量的前提下，优化农产品种植结构，尤其是增加蔬菜、油料和肉蛋奶等动物性产品生产，改善短缺食物供给能力，优化营养素来源

结构，提高动物性优质蛋白和脂肪供给水平，从而促进食物消费结构优化、营养摄入水平改善和营养摄入结构多元化。

4. 开展涉农领域合作，广泛借鉴先进经验

农业对外合作是发展农业技术、提高农业生产能力、改善土地资源承载力的重要举措。例如，中国与孟加拉国均为农业大国，在"一带一路"倡议下，双方在农业生产方面具有广泛而深厚的合作基础和合作需求。一方面，中国在杂交水稻领域占据全球领先地位，孟加拉国是全球重要的水稻生产国和以稻米为主食的人口大国，在改良水稻种子、提高产量方面具有迫切需求，双方可以加强良种、农业机械、农药化肥领域的合作，为孟加拉国粮食生产提供技术支持；另一方面，孟加拉国和中国都拥有历史悠久的水稻种植历史，双方可以在种植管理体系建设、田间管理技术等方面加强学习和交流，提高食物生产管理水平和劳动生产技能。此外，孟加拉国和中国都属于自然灾害多发易发区，中国在防灾减灾方面也具有一定的领先优势，双方可以在灾害预警、灾害治理和应急减灾方面深入合作，为孟加拉国提供防灾减灾经验借鉴和技术、工程支持，以降低自然灾害对农业生产稳定性的影响。

4.6　本章小结

本章在土地利用分析、土地资源生产力评价、食物消费结构与营养水平梳理的基础上，对不同时段孟加拉国国家和专区尺度上的土地资源承载力和承载状态进行分析评价，归纳总结土地资源承载力发展中存在的问题，并提出提升策略与增强路径。主要结论如下。

（1）1995～2015 年，孟加拉国耕地面积不断减少，建设用地不断增加，并且伴随着人口数量的增加，孟加拉国的人均耕地面积在持续下降，远低于世界平均水平。主要的粮食作物中，水稻、玉米和根茎类产量增加显著，其他的奶类、肉类、蛋类产量增长均不显著。

（2）1995～2017 年，孟加拉国食物消费以谷物为主，根茎类次之，蔬菜和水果类为辅，其余各类食物消费量较少；除谷物外，其余各类食物消费量与世界平均水平一直存在较大差距。国家膳食营养水平在逐渐改善，人均热量、蛋白质和脂肪摄入量均有所提高，但仍低于世界平均水平，在今后的食物消费发展中需要不断提高。

（3）1995～2017 年，孟加拉国耕地资源承载力不断提高，人粮关系转为平衡有余，可承载人口数量不断增加。基于热量、蛋白质和脂肪平衡的土地资源承载力也不断提升，人地关系逐渐改善。分专区看，各专区基于人粮关系和热量平衡方面的土地资源承载力存在较大的差异，吉大港专区、达卡专区的承载力状态紧张，亟须得到改善。

（4）孟加拉国土地资源承载力仍面临自然灾害易发多发、耕地面积减少、农业生产基础不稳、食物消费改善压力大等问题，需要从加强基础设施建设、增强防灾减灾能力、实施耕地保护政策、稳定农业生产基础、增加农业科技投入、提高农业生产效率和能力、

优化食物生产结构、改善营养摄入水平、开展涉农领域广泛合作等方面着手，着力提高食物供给能力、改善食物消费水平、增强土地资源承载力，实现人地关系优化。

参 考 文 献

封志明, 杨艳昭, 张晶. 2008. 中国基于人粮关系的土地资源承载力研究: 从分县到全国.自然资源学报, 23(5): 865-875.

李永祥. 2018. 孟加拉国的自然灾害与防灾减灾研究. 西南民族大学学报(人文社会科学版), 39(10): 1-7.

史登峰, 封志明. 2004. 从国外食物消费的发展进程看中国小康社会的食物消费.资源科学, (3): 135-142.

史洪超. 2012. 土地利用/覆被变化(LUCC)研究进展综述. 安徽农业科学, 40(26): 13107-13110, 13125.

Nahar Q, Choudhury S, Faruque M O, et al. 2013. Desirable Dietary Pattern for Bangladesh. Dhaka: Bangladesh Institute of Research and Rehabilitation in Diabetes, Endocrine and Metabolic Disorders.

Shaheen N, Rahim A T M A, Mohiduzzaman M, et al. 2013. Food composition table for Bangladesh. Institute of Nutrition and Food Science, University of Dhaka, Bangladesh. Dhaka, Bangladesh.

第5章 水资源承载力评价与区域谐适策略

本章利用孟加拉国遥感数据和统计资料，对孟加拉国水资源从供给侧（水资源可利用量）和需求侧（用水量）两个角度进行分析和评价，计算孟加拉国各专区水资源可利用量、用水量等。在此基础上，建立水资源承载力评估模型，对孟加拉国各专区水资源承载力及承载状态进行评价。最后，对不同未来技术情景下水资源承载力进行分析，实现对孟加拉国水资源安全风险预警，并根据孟加拉国主要存在的水资源问题提出相应的水资源承载力增强和调控策略。本章未标明数据年份的图表均以2015年数据为统计口径。

5.1 水资源基础及其供给能力

本节从水资源供给侧对孟加拉国水资源基础和供给能力进行分析和评价，是对孟加拉国水资源本底状况的认识，包括孟加拉国主要河流水系的介绍，水资源承载力评价分区，降水量、水资源量、水资源可利用量等数量的评价和分析。

5.1.1 河流水系与分区

孟加拉国境内河网密布，号称"水泽之国"。其中跨境河流 57 条：54 条来自印度，3 条来自缅甸。孟加拉国主要河流有 3 条，分别为恒河、贾木纳河及梅克纳河。

恒河发源于喜马拉雅山南麓，流经印度，在孟加拉国境内与贾木纳河汇合后称博多河（Padma）。恒河在孟加拉国境内流域面积为 4.6 万 km²，河面宽 3km 左右，河道有许多沙洲和浅滩，河岸坍塌严重，在孟加拉国境内流经拉杰沙希、库尔纳及达卡专区。

贾木纳河是布拉马普特拉河在孟加拉国境内的名称。布拉马普特拉河在中国境内称雅鲁藏布江，于巴昔卡附近流出中国国境，称布拉马普特拉河。布拉马普特拉河进入孟加拉国后称为贾木纳河，在瓜伦多卡德与恒河汇合，形成巨大的恒河三角洲，最后流入孟加拉湾。贾木纳河在孟加拉国境内流域面积为 3.9 万 km²，长 240km。贾木纳河河道沿岸地质脆弱，河道内多分汊、沙洲和浅滩，河道时宽时窄，变化不定，为游荡—分叉型河道。河槽宽度一般为 8～10km，最大可达 20km。河床坡度平缓，每逢雨季，洪水泛滥。贾木纳河在孟加拉国流经朗普尔、拉杰沙希及达卡 3 个专区。

梅克纳河由源自印度东部山区的两条河流在孟加拉国境内汇合而成，长度 902km，流域面积 8 万 km²。梅克纳河与博多河汇合，并最终注入孟加拉湾，是恒河三角洲的一部分。

孟加拉国有丰富的地表和地下水资源，但水资源时空分布不均。恒河和贾木纳河的径流量占总径流量的80%。地表水流量在每年8月达到最大的140000 m^3/s，在2月则最小，为7000m^3/s。由于孟加拉国人口密度大且水资源时空分布不均衡，导致人均水资源较低，水资源压力较大。

孟加拉国国土面积为14.76万km^2，包括64个县。本次水资源承载力评价以县为基本评价单元，并对孟加拉全国和7个专区进行评价。评价分区及面积见表5-1。

表5-1 孟加拉国水资源承载力评价分区信息

专区和县名	面积/km^2	专区和县名	面积/km^2
达卡专区	31177.66	诺阿卡利	3685.87
达卡	1463.60	费尼	990.36
纳拉扬甘杰	684.37	罗基布尔	1440.39
马尼格甘杰	1383.66	库米拉	3146.30
蒙希甘杰	1004.29	婆罗门巴里亚	1881.20
加济布尔	1806.36	坚德布尔	1645.32
诺尔辛迪	1150.14	锡莱特专区	12635.22
吉绍尔甘杰	2688.59	锡莱特	3452.07
坦盖尔	3414.35	霍比甘杰	2636.59
福里德布尔	2052.86	毛尔维巴扎尔	2799.38
马达里布尔	1125.69	苏纳姆甘杰	3747.18
拉杰巴里	1092.28	库尔纳专区	22284.22
戈巴尔甘尼	1468.74	巴凯尔哈德	3959.11
沙里亚德布尔	1174.05	朱瓦当加	1174.10
迈门辛	4394.57	杰索尔	2606.94
内德罗戈纳	2794.28	切尼达	1964.77
杰马勒布尔	2115.16	库尔纳	4394.45
谢尔布尔	1364.67	库什蒂亚	1608.80
吉大港专区	33908.55	马古拉	1039.10
吉大港	5282.92	梅黑尔布尔	751.62
科克斯巴扎尔	2491.85	诺拉尔	967.99
科格拉焦里	2749.16	萨德基拉	3817.29
班多尔班	4479.01	博里萨尔专区	13225.20
兰加马蒂	6116.11	博尔古纳	1831.31

续表

专区和县名	面积/km²	专区和县名	面积/km²
博里萨尔	2784.52	拉杰沙希	2425.37
波拉	3403.48	锡拉杰甘杰	2402.05
恰洛加蒂	706.76	朗普尔专区	16184.99
博杜阿卡利	3221.31	迪纳杰布尔	3444.30
比罗杰布尔	1277.80	戈伊班达	2114.77
拉杰沙希专区	18153.08	古里格拉姆	2245.04
博格拉	2898.68	拉尔莫尼哈德	1247.37
焦伊布尔哈德	1012.41	尼尔帕马里	1546.59
瑞冈	3435.65	班乔戈尔	1404.62
诺多尔	1900.19	朗普尔	2400.56
诺瓦布甘杰	1702.55	塔古尔冈	1781.74
巴布纳	2376.13		

资料来源：根据 http://www.xzqh.org/old/waiguo/asia/1021.htm 整理。

5.1.2　水资源数量

本节对孟加拉国降水量、径流量、水资源量、水资源可利用量时空分布进行评价，厘清孟加拉国水资源基础和供给能力是开展孟加拉国水资源承载力评价的关键基础和重要内容。本节用到的降水数据来源于 MSWEP v2 降水数据集（Beck et al.，2017），多年平均降水数据和多年平均月降水数据统计时段为 1979～2016 年；水资源量的数据是根据 Yan 等（2019）的方法计算所得；水资源可利用量是根据当地的经济和技术发展水平、生态环境需水量、汛期不可利用水资源量等推算得到的。

1. 降水

1）全国降水丰富

孟加拉国大部分地区属于热带季风气候，湿热多雨，降水异常丰富，多年平均降水为2265.6mm，超过世界90%的国家。如图5-1所示，孟加拉国降水空间差异明显，西部和中部降水较少，东南部和东北部降水较多。表 5-2 是对孟加拉国各专区多年平均降水量进行的统计，降水最多的专区为东北部的锡莱特，多年平均降水高达 3196.3mm；其次为东南部的吉大港，为 2830.1mm。降水量最少的专区分别为西部的拉杰沙希和库尔纳，分别为 1578.5mm 和 1724.1mm。

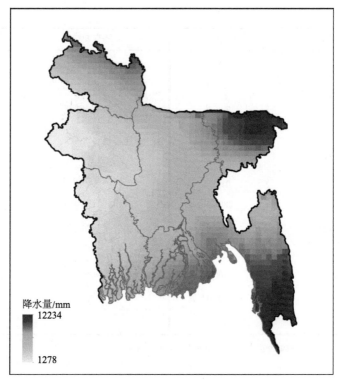

图 5-1　孟加拉国多年平均降水量空间分布示意图

表 5-2　孟加拉国各专区多年平均降水量统计

专区	降水量/mm	降水量*/亿 m³
博里萨尔	2370.0	313.44
吉大港	2830.1	959.65
达卡	2042.5	636.80
库尔纳	1724.1	384.20
拉杰沙希	1578.5	286.55
朗普尔	2320.4	375.55
锡莱特	3196.3	403.86
全国	2265.6	3360.05

* 此处为面降水量，即一定时间内降落到各专区面积上的水的总量。

2）季节差异明显

　　孟加拉国属于热带季风气候，降水具有明显的季节差异，主要集中在雨季，枯季降水较少（图 5-2）。5～10 月为孟加拉国的雨季，90%的降水发生在雨季。从全国平均看，6 月份降水最多，月降水为 465.7mm，1 月降水最少，月降水量不足 5mm。从各个专区看（表 5-3 和图 5-3），东南部的吉大港专区和东北部的锡莱特专区月降水量最高，超过 600mm。季节差异最大的专区为西北部的朗普尔，雨季降水接近 95%，而季节差异较小的锡莱特专区，雨季降水占比也高达 87%。降水在年内和时空上分布不均，在季风气候的影响下降水量多的地区时常发生灾难性的洪水，而在季风短缺的地区经常造成严重的干旱，导致粮食减产、公共健康问题以及环境承载等级的下降。

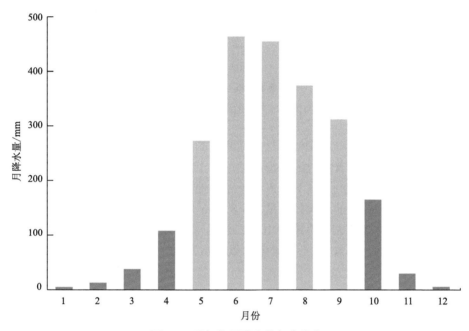

图 5-2 孟加拉国降水的年内分布

蓝色代表雨季，橙色代表枯季

表 5-3 孟加拉国各专区多年平均月降水量

专区	月降水量/mm											
	1 月	2 月	3 月	4 月	5 月	6 月	7 月	8 月	9 月	10 月	11 月	12 月
博里萨尔	3.4	14.5	33.2	77.1	243.9	537.0	480.1	383.2	341.8	201.6	56.3	5.4
吉大港	3.6	16.6	46.5	125.3	368.3	610.5	554.3	474.1	356.1	219.7	57.2	6.1
达卡	4.0	14.4	58.1	170.4	352.8	475.9	474.3	387.9	320.3	164.0	26.9	5.6
库尔纳	6.8	16.6	31.0	56.0	168.4	354.8	364.9	301.8	260.4	126.8	29.7	5.4
拉杰沙希	5.5	11.7	20.0	62.3	158.5	306.7	334.0	271.4	262.3	128.1	11.8	4.2
朗普尔	8.2	10.6	18.3	76.4	225.0	488.9	526.9	420.8	364.3	158.1	6.2	3.1
锡莱特	3.7	15.4	81.7	272.1	480.0	607.8	588.3	483.9	375.4	172.3	23.6	5.8
全国	4.9	14.0	37.8	108.5	274.1	465.7	458.9	377.0	314.1	166.2	30.6	5.1

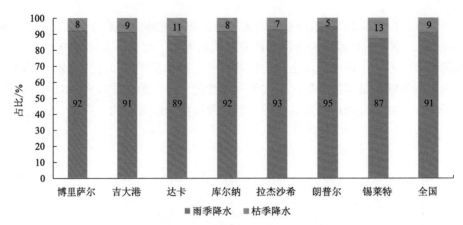

图 5-3　孟加拉国各专区的雨季降水和枯季降水占比

孟加拉国径流与降水分布相似，呈东高西低的分布格局。孟加拉国位于 3 条重要国际河流，即恒河、布拉马普特拉河和梅克纳河的下游，其 90%以上的水资源来源于这 3 条重要的国际河流，剩下的不足 10%来源于东部地区的其他河流。孟加拉国径流空间差异大，恒河进入孟加拉国的最大径流量为 7.8 万 m^3/s，最小径流量只有 $700m^3/s$；布拉马普特拉河进入孟加拉国最大径流量为 10 万 m^3/s，最小径流量为 $4000m^3/s$；梅克纳河下游最大径流量为 18 万 m^3/s，最小径流量为 $4000m^3/s$。

2. 水资源量

地表水资源量是指河流、湖泊等地表水体中由当地降水形成的、可以逐年更新的动态水量，用天然河川径流量表示。浅层地下水是指赋存于地面以下饱水带岩土空隙中参与水循环的，和大气降水及当地地表水有直接补排关系，且可以逐年更新的动态重力水。水资源总量由两部分组成：一部分为河川径流量，即地表水资源量；另一部分为降水入渗补给地下水而未通过河川基流排泄的水量，即地下水与地表水资源计算之间的不重复计算水量。一般来说，不重复计算水量占水资源总量的比例较少，加之地下水资源量测算较为复杂且精度难以保证，因此本书在统计孟加拉国水资源量时，忽略地下水与地表水资源的不重复计算水量。

1）水资源分布不均，水资源压力大

孟加拉国降水丰富，全国平均产水系数为 0.52，水资源量也较多，为 1740 亿 m^3。图 5-4 所示为 10km×10km（即 100 km^2）空间精度的水资源量分布，孟加拉国水资源空间分布不均，东部地区水资源较为丰富，西部和中部地区水资源较少。东部的锡莱特和吉大港产水系数较高，分别为 0.65 和 0.56，对应的水资源量也较多，分别为 260.7 亿 m^3 和 536.1 亿 m^3。西部的库尔纳和拉杰沙希产水系数较低，分别为 0.39 和 0.43，对应的水资源量也相对较低，分别为 150.6 亿 m^3 和 124.0 亿 m^3（表 5-4）。

虽然孟加拉国水资源量较多，但由于人口密度大，导致人均水资源量非常低，存在水资源短缺问题。全国人均水资源量仅为 1140m³，人均水资源量最高的锡莱特专区也仅有 2408m³，西部和中部地区人均水资源量更低，拉杰沙希、达卡、库尔纳人均水资源量分别仅为638m³、672m³、947m³，水资源短缺严重（表 5-4）。根据 Falkenmark（1989）定义的水资源压力指数，人均水资源量小于1700 m³时为轻微水资源压力，人均水资源量小于1000 m³时为中等水资源压力，人均水资源量小于500 m³时为严重水资源压力。根据以上标准，孟加拉国存在水资源压力，且西部和中部地区存在中等水资源压力。

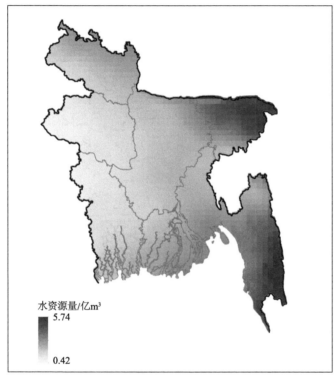

图 5-4　孟加拉国水资源量的空间分布示意图

表 5-4　孟加拉国各专区的产水系数、水资源量和人均水资源量

专区	产水系数	水资源量/亿 m³	人均水资源量/m³
博里萨尔	0.40	126.3	1543
吉大港	0.56	536.1	1784
达卡	0.54	346.4	672
库尔纳	0.39	150.6	947
拉杰沙希	0.43	124.0	638
朗普尔	0.52	195.6	1179
锡莱特	0.65	260.7	2408
全国	0.52	1739.7	1140

2）客水依赖率高，跨境水资源风险高

孟加拉国跨境河流 57 条，其中 54 条来自印度，3 条来自缅甸。根据估算，孟加拉国年平均地表水资源总量 9195.03 亿 m³，其中约 81.08%（即 7455.33 亿 m³）来自邻国印度，另外 18.92%（1739.7 亿 m³）为当地降水产生的水资源量，入境水量是当地水量的 4.3 倍。在外来水资源中，85% 以上的水量在雨季（6～10 月）流入。从布拉马普特拉河、恒河和梅克纳河流入的水资源量分别占比 48%、47% 和 4%，剩下的 1% 由其他河流流入吉大港。

孟加拉国与邻国印度存在水资源矛盾。1970 年，印度在恒河干流下游距离孟加拉国边境 18km 处建立长达 2203m 的法拉卡水坝，1975 年开始，印度从恒河引水冲刷帕吉勒提—胡格利水道的泥沙，使得孟加拉国水量大幅减少，严重影响了孟加拉国的生产生活，两国发生严重的用水冲突。1975～1996 年，印孟两国多次签订关于法拉卡的分水协议。2003 年，印度宣布启动"内河联网工程"，计划拦截印度流入孟加拉国的大小 54 条国际河流河水，"北水南调"输往印度南部和东部缺水地区，该计划激化了两国矛盾。

3. 水资源可利用量

地表水资源可利用量是指在可预见的时期内，在统筹考虑河道内生态环境和其他用水的基础上，通过经济合理、技术可行的措施，可供河道外生活、生产、生态用水的一次性最大水量（不包括回归水的重复利用）。

1）水资源可利用率较低

孟加拉国水资源丰富，水量较大，但由于降水主要发生在雨季，汛期洪水难以利用，加之经济发展水平、工程调蓄能力的限制，造成孟加拉国水资源可利用率较低。孟加拉国平均水资源可利用率为 30%（表 5-5）。东南部、中东部和东北部地区水资源可利用率相对较低，约为 20%～30%。孟加拉国西部地区水资源可利用率较高，超过 30%，有些地区甚至达到 40%。

表 5-5　孟加拉国各专区的水资源可利用量

专区	水资源可利用率/%	水资源可利用量/亿 m³
博里萨尔	33	41.6
吉大港	28	149.3
达卡	25	87.2
库尔纳	40	60.1
拉杰沙希	37	45.5
朗普尔	42	82.8
锡莱特	23	60.4
全国	30	526.9

2）水资源可利用量分布不均

孟加拉国水资源可利用量为 526.9 亿 m³。图 5-5 表示 10km×10km（即 100km²）空间精度的水资源可利用量空间分布，水资源可利用量较多的专区为东南部的吉大港和中部的达卡，水资源可利用量分别为 149.3 亿 m³ 和 87.2 亿 m³。东北部的锡莱特水资源可利用率最低，由于水资源较多，因此水资源可利用量并不算低。水资源可利用量较少的有博里萨尔、拉杰沙希等，主要因为这些专区面积较小。与水资源量的分布格局一致，中部和西部水资源可利用量少，东部和北部水资源可利用量较多。吉大港东南部、锡莱特北部、朗普尔北部单位面积水资源量最多。中部的达卡和西部拉杰沙希部分地区单位面积水资源可利用量最少，水资源压力大。

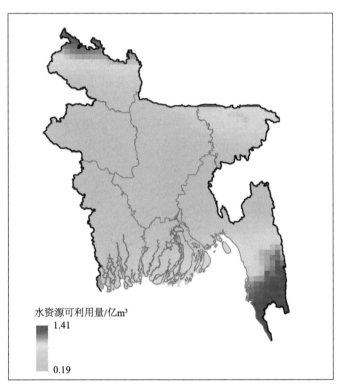

图 5-5　孟加拉国水资源可利用量的空间分布

5.2　水资源开发利用及其消耗

本节从水资源消耗侧对孟加拉国的水资源开发利用情况进行计算、分析和评价，主要包括孟加拉国总用水量和行业用水量的变化态势分析、用水水平的演化及评价、水资源开发利用程度的计算和分析。孟加拉国总用水和行业用水数据来源于世界资源研究所（Gassert et al., 2014），专区的用水是根据相关因子在各专区所占的比例分配到各个专区中。农业用水使用农业灌溉面积作为相关因子，数据使用 FAO 的全球灌溉面积分布图（GMIA v5）（Siebert et al., 2013）；工业用水使用夜间灯光指数作为相关因子，数据来源于 DMSP-OLS 数据（NOAA, 2014）；生活用水则根据人口分布进行估算，人口数据来源于哥伦比亚大学的 GPW v4 人口分布数据（CIESIN et al., 2016）。

5.2.1 用水量

用水量指分配给用户的包括输水损失在内的毛用水量，按国民经济和社会各用水户统计，分为农业用水、工业用水和生活用水三大类。本小节对总用水量和行业用水量进行分析。

1. 总用水呈上升态势

2000～2015 年，孟加拉国总用水量呈上升趋势（表 5-6）。2000 年、2005 年、2010 年和 2015 年总用水量分别为 352.41 亿 m³、358.12 亿 m³、360.58 亿 m³、365.35 亿 m³。孟加拉国作为一个农业国家，以农业为主，农业用水所占比例较高，2015 年农业用水占总用水量的 86.2%；其次是生活用水，占总用水量的 10.6%；工业用水量占比最少，为 3.2%。2015 年孟加拉国总用水量 365.35 亿 m³，其中农业用水 314.07 亿 m³。在供水方面，77.2%来自地表水，22.8%来自地下水。

各专区中，除博里萨尔有所降低外，其他各专区总用水量均呈现上升趋势。达卡总用水量最高，2015 年用水量达到 108.68 亿 m³；其次为拉杰沙希，2015 年总用水量为58.33 亿 m³；用水量较少的专区为南部的博里萨尔和东北部的锡莱特，2015 年用水量分别为 24.49 亿 m³ 和 28.24 亿 m³。

从用水增长率看，2000～2015 年全国总用水增长了 3.7%。用水增长率最高的地区为锡莱特专区，总用水量增长了 7.6%，由 2000 年的 26.25 亿 m³ 增长到 2015 年的 28.24亿 m³；其次为吉大港专区，用水增长了 6.2%，由 2000 年的 45.71 亿 m³ 增长到 2015 年的 48.54 亿 m³；达卡专区用水也增长了 5.7%。用水增长率最低的专区分别为博里萨尔和库尔纳，博里萨尔用水呈负增长，增长率为-1.4%，库尔纳用水增长率仅为 0.95%。

表 5-6　2000～2015 年孟加拉国各专区的用水量

专区	用水量/亿 m³			
	2000 年	2005 年	2010 年	2015 年
博里萨尔	24.84	25.00	24.99	24.49
吉大港	45.71	46.89	47.32	48.54
达卡	102.78	105.27	106.56	108.68
库尔纳	43.46	43.72	43.64	43.87
拉杰沙希	57.20	57.67	57.88	58.33

续表

专区	用水量/亿 m³			
	2000 年	2005 年	2010 年	2015 年
朗普尔	52.17	52.57	52.82	53.20
锡莱特	26.25	27.00	27.37	28.24
全国	352.41	358.12	360.58	365.35

2. 农业用水先升后降

孟加拉国农业用水占比超过 80%，2015 年农业用水量为 314.07 亿 m³（表 5-7）。2000~2015 年，农业用水先增加后减少，所占比例由 89%降低到 86%；从 2010 年开始，农业用水显著下降。

农业用水量较多的专区有达卡、拉杰沙希、朗普尔，2015 年农业用水量分别为 90.49 亿 m³、52.00 亿 m³ 和 48.01 亿 m³。农业用水量较少的专区有博里萨尔、锡莱特，2015 年农业用水量分别为 22.00 亿 m³ 和 23.90 亿 m³。从 2000~2015 年的农业用水增长率看，7 大专区中，除吉大港和锡莱特农业用水呈现正增长，其他 5 个专区农业用水均呈负增长。博里萨尔专区农业用水减少速率最大，2000~2015 年农业用水减少了 2.1%。

从农业用水的比例看，孟加拉国 2015 年占比 86.2%，其中占比最高的专区为朗普尔，2015 年占比为 90.2%，其次为博里萨尔和拉杰沙希，2015 年占比分别为 89.9%和89.2%。占比较低的专区有吉大港和达卡，2015 年农业用水占比分别为 79.9%和 83.3%。

表 5-7　2000~2015 年孟加拉国各专区的农业用水量及其比例

专区	农业用水量/亿 m³				农业用水比例/%			
	2000 年	2005 年	2010 年	2015 年	2000 年	2005 年	2010 年	2015 年
博里萨尔	22.47	22.57	22.61	22.00	90.5	90.3	90.5	89.9
吉大港	38.62	38.88	38.97	38.79	84.5	82.9	82.3	79.9
达卡	90.57	91.14	91.10	90.49	88.1	86.6	85.5	83.3
库尔纳	39.09	39.13	39.09	38.88	89.9	89.5	89.6	88.6
拉杰沙希	52.23	52.26	52.21	52.00	91.3	90.6	90.2	89.2
朗普尔	48.07	48.11	48.10	48.01	92.1	91.5	91.0	90.2
锡莱特	23.55	23.86	23.92	23.90	89.7	88.3	87.4	84.7
全国	314.60	315.95	316.00	314.07	89.4	88.4	87.8	86.2

3. 工业用水快速上升

孟加拉国全国及各专区工业用水均呈快速上升态势（表 5-8），全国工业用水量由 2000 年的 6.37 亿 m³ 增长到 2015 年的 12.72 亿 m³，增长了 99.69%。2015 年，工业用水最多的专区分别是达卡和吉大港，工业用水分别为 5.18 亿 m³ 和 2.15 亿 m³。工业用水最少的专区是博里萨尔，2015 年工业用水仅为 0.40 亿 m³。从工业用水增长率看，全国各专区 2000～2015 年工业用水均呈正增长，增长率较高的专区为锡莱特、达卡和吉大港，工业用水增长率均超过 100%。

工业用水比例最小，2015 年孟加拉国工业用水比例仅为 3.2%。工业用水比例较高的专区为锡莱特、达卡和吉大港，2015 年工业用水量比例分别为 5.7%、4.8% 和 4.4%。

表 5-8   2000～2015 年孟加拉国各专区工业用水量及其比例

专区	工业用水量/亿 m³				工业用水比例/%			
	2000 年	2005 年	2010 年	2015 年	2000 年	2005 年	2010 年	2015 年
博里萨尔	0.30	0.32	0.28	0.40	1.2	1.3	1.1	1.6
吉大港	0.98	1.31	1.21	2.15	2.1	2.8	2.6	4.4
达卡	2.35	3.15	3.52	5.18	2.3	3.0	3.3	4.8
库尔纳	0.67	0.71	0.60	0.97	1.5	1.6	1.4	2.2
拉杰沙希	0.80	0.93	0.98	1.42	1.4	1.6	1.7	2.4
朗普尔	0.58	0.66	0.73	0.99	1.1	1.3	1.4	1.9
锡莱特	0.70	0.89	0.97	1.60	2.7	3.3	3.5	5.7
全国	6.37	7.97	8.29	12.72	1.7	2.1	2.1	3.2

4. 生活用水缓慢增长

孟加拉国全国和各专区生活用水量均呈缓慢上升趋势（表 5-9），全国生活用水量由 2000 年的 31.42 亿 m³ 上升到 2015 年的 38.55 亿 m³。2015 年，孟加拉国生活用水量最多的专区为达卡，生活用水量为 13.02 亿 m³，其次为吉大港，生活用水量为 7.60 亿 m³。生活用水量较少的专区为博里萨尔和锡莱特，生活用水量仅为 2 亿～3 亿 m³。

从生活用水增长率来看，孟加拉国各专区均呈正增长。增长最快的为锡莱特和达卡，2000～2015 年生活用水增长超过 30%；增长较慢的为博里萨尔和库尔纳。

从生活用水比例角度，2015 年孟加拉国生活用水比例为 10.6%，生活用水比例最高的专区为吉大港和达卡，2015 年占比分别为 15.7% 和 12.0%，而比例较低的专区为朗普尔，占比不足 8%。

表 5-9   2000～2015 年孟加拉国各专区生活用水量及其比例

专区	生活用水量/亿 m³				生活用水比例/%			
	2000 年	2005 年	2010 年	2015 年	2000 年	2005 年	2010 年	2015 年
博里萨尔	2.07	2.11	2.10	2.08	8.3	8.4	8.4	8.5
吉大港	6.12	6.70	7.14	7.60	13.4	14.3	15.1	15.7
达卡	9.86	10.98	11.93	13.02	9.6	10.4	11.2	12.0

续表

专区	生活用水量/亿 m³				生活用水比例/%			
	2000 年	2005 年	2010 年	2015 年	2000 年	2005 年	2010 年	2015 年
库尔纳	3.71	3.88	3.95	4.02	8.5	8.9	9.1	9.2
拉杰沙希	4.16	4.48	4.69	4.90	7.3	7.8	8.1	8.4
朗普尔	3.51	3.80	4.00	4.20	6.7	7.2	7.6	7.9
锡莱特	2.00	2.26	2.49	2.73	7.6	8.4	9.1	9.7
全国	31.42	34.21	36.30	38.55	8.9	9.6	10.1	10.6

5.2.2　用水水平

人均综合用水量是衡量一个地区综合用水水平的重要指标，受当地气候、人口密度、经济结构、作物组成、用水习惯、节水水平等众多因素影响。

以人均综合用水量作为评估用水效率的指标，孟加拉国用水效率缓慢提升，人均综合用水量不断下降，由 2000 年的 269m³ 下降到 2015 年的 227m³（表 5-10）。2015 年吉大港和达卡人均综合用水量最低，分别为 154m³ 和 201m³，而朗普尔人均综合用水量最高，超过 300 m³。

表 5-10　2000～2015 年孟加拉国各专区人均综合用水量及其变化

专区	人均综合用水量/m³			
	2000 年	2005 年	2010 年	2015 年
博里萨尔	289	285	286	283
吉大港	180	168	159	154
达卡	251	231	215	201
库尔纳	282	271	265	262
拉杰沙希	331	310	297	286
朗普尔	357	333	318	305
锡莱特	316	287	265	248
全国	269	251	238	227

从农业用水效率来看，孟加拉国地下水灌溉用水效率高达 90%。地表水灌溉渗流和输送造成的损失一般情况下得不到循环利用，用水效率约为 35%～40%。不同作物的用水效率不同，水稻用水效率为 40%～60%，小麦用水效率约为 90%。就生活用水效率而言，孟加拉国生活用水效率约为 40%，首都达卡的用水效率为 60%。孟加拉国缺乏工业用水统计资料，难以估算工业用水效率。

5.2.3　水资源开发利用程度

采用水资源开发利用率分析孟加拉国水资源开发利用程度。水资源开发利用率指用水量占水资源量的百分比，该指标主要用于反映和评价区域内水资源总量的控制利用情况。

从水资源开发利用角度，如表 5-11 所示，2015 年，孟加拉国水资源开发利用率约为 21%；拉杰沙希专区水资源开发利用率高达 47%，达卡为 31%，存在较高的缺水风险；东部的吉大港专区和锡莱特专区水资源丰富，水资源开发利用率低。

表 5-11　2015 年孟加拉国各专区的水资源开发利用状况

专区	水资源量/亿 m³	用水量/亿 m³	水资源开发利用率/%
博里萨尔	126.3	24.5	19.40
吉大港	536.1	48.5	9.05
达卡	346.4	108.7	31.38
库尔纳	150.6	43.9	29.15
拉杰沙希	124.0	58.3	47.02
朗普尔	195.6	53.2	27.20
锡莱特	260.7	28.2	10.82
全国	1739.7	365.2	20.99

5.3　水资源承载力与承载状态

本节根据水资源承载力核算方法，计算孟加拉国各专区水资源承载人口，并根据现状人口计算水资源承载指数，最后根据水资源承载指数判断孟加拉国各专区的水资源承载状态。本节主要采用的数据包括水资源可利用量和用水量，数据来源和计算方法参见前两节，人均生活用水量、人均 GDP 和千美元 GDP 用水以世界不同地区平均标准作为基准，人均生活用水量基准根据 FAO AQUASTAT 各国生活用水计算得到；人均GDP 根据世界银行 GDP 数据计算得到。

5.3.1　水资源承载力

水资源承载能力的计算实际上是一个优化问题，即在一定的水资源可利用量、用水技术水平、福利水平等约束条件下，求满足条件的最大人口数量。

现状条件下（2015 年）孟加拉国水资源可承载人口约为 2.4 亿人，2015 年孟加拉国实际人口为 1.6 亿，水资源承载力是现状人口的 1.5 倍，水资源承载指数为 0.66（图 5-6）。从分区来看，东部的吉大港专区水资源承载力最高，中西部的拉杰沙希水资源承载力最弱。从表 5-12 水资源承载指数看，达卡和拉杰沙希水资源承载指数最高，分别为 1.29 和

1.28。承载指数较低的专区为吉大港和锡莱特，水资源承载指数分别为 0.33 和 0.47。

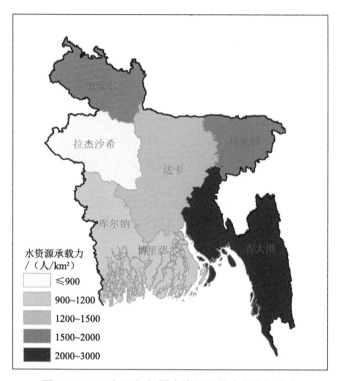

图 5-6　2015 年孟加拉国水资源承载力的空间分布

从水资源承载力的历史演化可知（表 5-12），2000～2015 年，孟加拉国水资源承载力有所增强，承载人口由 2.0 亿人增长到 2.4 亿人；水资源承载指数逐渐上升，承载指数由 0.63 上升到 0.66。各个专区中，水资源承载人口均呈上升趋势，除博里萨尔水资源承载指数略有下降外，其他各个专区水资源承载指数均有所上升。博里萨尔是孟加拉国最贫穷的专区，部分人口流入邻近的大城市，而博里萨尔的供水设施缺乏、供水能力严重不足，偏远农村地区尤甚，导致博里萨尔人口减少，承载指数下降。

表 5-12　2000～2015 年孟加拉国各专区水资源承载力及承载指数

专区	承载力/万人				承载指数			
	2000 年	2005 年	2010 年	2015 年	2000 年	2005 年	2010 年	2015 年
博里萨尔	1438	1460	1451	1469	0.60	0.60	0.60	0.59
吉大港	8311	8877	9372	9723	0.31	0.31	0.32	0.33
达卡	3399	3681	3938	4194	1.21	1.24	1.26	1.29
库尔纳	2134	2220	2265	2292	0.72	0.73	0.73	0.73
拉杰沙希	1376	1470	1533	1591	1.26	1.27	1.27	1.28
朗普尔	2317	2489	2605	2715	0.63	0.64	0.64	0.64

续表

专区	承载力/万人				承载指数			
	2000 年	2005 年	2010 年	2015 年	2000 年	2005 年	2010 年	2015 年
锡莱特	1910	2101	2281	2431	0.43	0.45	0.45	0.47
全国	20885	22297	23446	24415	0.63	0.64	0.64	0.66

5.3.2 水资源承载状态

根据现状年人口和水资源承载能力，计算水资源承载指数：

$$WCCI = \frac{Pa}{WCC}$$

式中，WCCI 为水资源承载状态指数；Pa 为人口数量（亿人）；WCC 为水资源承载力（亿人）。

根据水资源承载状态分级标准以及水资源承载状态指数，将水资源承载状态划分严重超载、超载、临界超载、平衡有余、盈余和富富有余 6 个状态。

从 7 大专区看，2015 年中部的达卡专区和拉杰沙希专区水资源承载状态为超载状态（图 5-7、表 5-13），东北部的锡莱特专区、东部的吉大港专区和南部的博里萨尔专区水资源承载状态均处于富富有余状态。

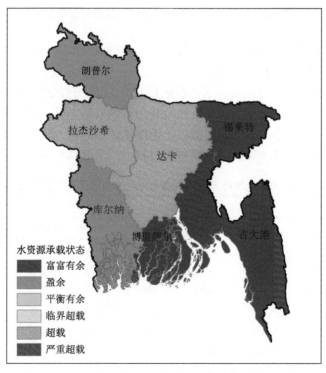

图 5-7 2015 年孟加拉国水资源承载状态的空间分布

达卡专区、拉杰沙希专区水资源超载是由灌溉耕地多、人口密度高和水资源可利用量偏少导致的，这两个地区的人口密度最高，水资源可利用量均较低。

2000～2015 年，孟加拉国水资源均处于盈余状态，各专区水资源承载状态也几乎无变化，中部的达卡专区和拉杰沙希专区水资源承载状态均处于超载状态。水资源承载状态仅有博里萨尔专区发生变化，2000 年、2005 年和 2010 年，博里萨尔水资源呈盈余状态，2015 年水资源承载状态则变好至富富有余状态，主要是人口减少导致。

表 5-13　2000～2015 年孟加拉国各专区水资源承载状态

专区	水资源承载状态			
	2000 年	2005 年	2010 年	2015 年
博里萨尔	盈余	盈余	盈余	富富有余
吉大港	富富有余	富富有余	富富有余	富富有余
达卡	超载	超载	超载	超载
库尔纳	盈余	盈余	盈余	盈余
拉杰沙希	超载	超载	超载	超载
朗普尔	盈余	盈余	盈余	盈余
锡莱特	富富有余	富富有余	富富有余	富富有余
全国	盈余	盈余	盈余	盈余

5.4　未来情景与调控途径

本节首先根据未来不同的技术情景，计算不同情景水资源承载力，判断不同情景下孟加拉国水资源超载风险，从而实现对孟加拉国水资源安全风险预警；随后分析孟加拉国存在的主要水资源问题，并提出相应的水资源承载力增强和调控途径。本节计算未来技术情景水资源承载力用到的数据来源与前面小节相同。

5.4.1　未来情景分析

孟加拉国人均水资源丰富，总体上水资源质量和数量都处于良好状态。按未来不同情景发展预测，孟加拉国在 2030 年和 2050 年不会发生水资源超载，能够支撑孟加拉国经济发展和人口增长对用水的需求。

假设水资源可利用量基本维持在现状水平，生活福利水平使用人均 GDP 表示，用水效率水平使用千美元 GDP 用水量表示。下面对以下两种未来的技术情景进行模拟评价。

情景 1：人均 GDP 翻倍，千美元 GDP 用水量减少 1/3。

情景 2：人均 GDP 翻 2 倍，千美元 GDP 用水量减少 2/3。

根据 3 种不同的人均生活用水标准[60L/（d·人）、100L/（d·人）、150L/（d·人）]，分别计算未来技术情景 1 条件下和未来技术情景 2 条件下的水资源承载能力。

孟加拉国水资源量极为丰富，目前用水量占水资源总量的 20.99%。因此可判断孟加拉国水资源尚未超载，部分地区的水资源压力主要是由水资源在时空上的分布不均以及基础设施与用水需求不匹配导致的。

根据联合国人口中期预测，以每年 6% 的经济增幅，到 2050 年经济规模将是现在的 8 倍，将会带来工业以及生活用水方面的更大需求。随着生活水平的提高和技术的发展，生活用水将会从 2015 年的 38.55 亿 m^3 达到 2030 年的 46.2 亿 m^3 和 2050 年的 55.4 亿 m^3，工业用水将会从 2015 年的 12.72 亿 km^3 增长到 2030 年的 14 亿 m^3 和 2050 年的 15.5 亿 m^3。

5.4.2 主要问题及调控途径

1. 主要问题

1）饮水安全面临挑战

孟加拉国作为世界上人口密度最高的国家之一，水资源量虽然多，但是有 60% 的人口面临着不安全的饮用水的威胁，特别是地下水含砷物污染十分严重，有接近 90% 的人口使用。同时由于基础设施的落后，公共卫生问题面临着巨大的挑战。

2）水资源时空分布不均，旱涝频发

孟加拉国大部分地区属于热带季风气候，季风具有不稳定性而多旱涝，导致水资源在时空上的分布极为不均。孟加拉国大部分地区都是低洼平坦的洪泛平原以及恒河、贾木纳河、梅克纳河 3 条河流的交汇处，每年的雨季都会发生洪水灾害，接近 20% 的地区都会受到洪水的侵袭。导致洪水灾害的主要有 3 个原因，即河流、突然极端的径流造成的山洪暴发和风暴潮引发的沿海洪水。干旱也是孟加拉国面临的一个严重问题，特别是西部以及西北部地区经常发生干旱灾害，作为一个以农业经济为支撑性经济的国家，干旱带来的农作物减产导致的经济损失或许比洪涝灾害更为严重。

3）国际河流问题对孟加拉国有很大影响

由于 3 条主要河流（恒河、贾木纳河和梅克纳河）都是发源于其他国家，孟加拉国境内仅占这些河流流域面积的 7%。因此在水资源获取和控制上没有主动权。印度现在所筹备的"内河联网计划"水利工程建成后会从恒河截取近 20% 的水，将加重孟加拉国的水资源压力，甚至导致国际争端。

4）海水倒灌与地下水水质恶化风险加剧

由于孟加拉国位于恒河的下游以及全球气候变化引起的海平面上升，导致海水倒灌，水的盐度上升，同时由于河流两岸有大量的淡水养殖场，也会使淡水盐化的问题加重，进一步导致土壤盐碱化以及地下水的质量恶化。

2. 调控途径

1）加强水利设施建设，提高水资源保障与灾害防控能力

洪灾对孟加拉国的农业以及国民的生命财产带来严重的损失，作为以农业经济为主的国家，这样的损失是致命的。加强上游河道的水利设施建设会对下游农业地区的防洪和灌溉带来巨大的效益，可以极大地提高抗风险能力。作为"孟中印缅经济走廊"和我国"一带一路"倡议的重要参与国家，我国与孟加拉国政府签订的《孟加拉国全国流域综合治理项目》将会缓解孟加拉国的洪灾压力，有助于提高其抗风险能力。

2）加强水污染综合治理，改善水质

孟加拉国部分地区水资源污染严重，主要是工业、农业以及生活污水的排放，尤其是在首都达卡等部分大城市和工业区，主要是含砷物污染，平均含砷达到每升 2mg，是世界卫生组织标准的 200 倍。在如此人口稠密的地区水污染情况不容小视，因此建设污水处理厂以及相关配套的供水设施能很大程度地提高其水资源的承载能力。

3）加强地下水质、水位监测，防治地下水污染以及地下水超采

孟加拉国灌溉用水 70%都是依赖于地下水，有接近 1000 多万个浅层手动取水井。孟加拉国减少砷计划（BAMWSP）、公共健康工程部（DPHE）和联合国儿童基金会（UNICEF）通过对浅层地下水样进行采样分析，发现 60%的井水不适合饮用，对地下水的监管需要进一步加强，同时避免超采。

4）改善供水网络，提高饮用水标准

孟加拉国几乎整个农村地区没有供水管网提供饮用水，集中供水有助于供水水源的实时监控以及保障饮用水水质，有助于提高公共卫生标准。

5.5　本 章 小 结

本章主要从孟加拉国水资源供给能力、水资源开发利用、水资源承载力和承载状态、未来情景和调控途径等方面进行了全面系统的评价和分析。

总体上看，孟加拉国虽然降水丰富，但水资源空间分布不均衡、季节差异明显，社会经济和技术水平较为落后，水资源可利用率不高，加之人口密度和农业用水较高，因此存在水资源短缺风险，尤其是在降水较少的枯季。用水量上，孟加拉国用水总体呈上升态势，农业用水已经开始逐渐下降，工业用水开始快速上升，生活用水也在缓慢上升；孟加拉国中部地区如达卡等地水资源开发利用程度较高，而东部如吉大港和北部地区水资源开发利用率较低。

孟加拉国整体上水资源承载状态为盈余，但中部地区如达卡和拉杰沙希等地已经出现超载，亟须提高当地供水水平和水资源利用效率。在未来当地技术水平、供水能力和水资源利用效率得到有效提高的情况下，孟加拉国不会发生水资源超载，基本能够支撑经济发展和人口增长对用水的需求。

参 考 文 献

Beck H E, van Dijk A I J M, Levizzani V, et al. 2017. MSWEP: 3-hourly 0.25° global gridded precipitation (1979-2015) by merging gauge, satellite, and reanalysis data. Hydrology and Earth System Sciences, 21(1): 589-615

CIESIN. 2016. Gridded Population of the World, Version 4 (GPW v4): Administrative Unit Center Points with Population Estimates. https://sedac.ciesin.columbia.edu/data/collection/gpw-v4. [2020-09-20]

Falkenmark M. 1989. The Massive Water Scarcity Now Threatening Africa: Why Isn't It Being Addressed? Ambio, 18(2): 112-118.

Gassert F, Luck M, Landis M, et al. 2014. Aqueduct global maps 2.1: Constructing decision-relevant global water risk indicators. Washington, DC: World Resources Institute.

NOAA. 2014. Version 4 DMSP-OLS Nighttime Lights Time Series. https://eogdata.mines.edu/products/dmsp/. [2020-09-20]

Siebert S, Henrich V, Frenken K, et al. 2013. Update of the Digital Global Map of Irrigation Areas to Version 5. http://www.fao.org/3/I9261EN/i9261en.pdf. [2020-09-20]

Yan J, Jia S, Lv A, et al. 2019. Water Resources Assessment of China's Transboundary River Basins Using a Machine Learning Approach. Water Resources Research, 55(1): 632-655.

第6章 生态承载力评价与区域谐适策略

本章以生态系统净初级生产力（NPP）为指标参量分析孟加拉国可利用的生态系统供给量，借鉴人类消耗陆地生态系统净初级生产力评估方法，考虑经济发展水平差异、城乡差异以及资源流动影响等，分析孟加拉国生态消耗结构和数量及其变化特点和影响因素；基于生态系统服务供给与消耗的平衡关系评价孟加拉国生态承载力和生态承载状态，进而刻画绿色丝绸之路建设愿景下孟加拉国生态供给能力、生态消耗水平变化态势，预测生态承载状态演变态势，提出未来生态保护、生态承载力提升的谐适策略。

6.1 生态供给的空间分布和变化

生态供给是生态系统服务最重要的组成部分，是生态系统调节服务、支持服务和文化服务等其他功能和服务的基础。陆地生态系统净初级生产力（NPP）是衡量生态系统供给能力的定量化指标，它是指陆地植被在单位时间、单位面积内，通过光合作用产生的有机同化物去除自养呼吸后剩余的有机物质总量。区域 NPP 的总量及水平，决定了次一级生命体能够使用的能量上限和物质量上限。对陆地生态系统 NPP 的空间分布格局和动态变化趋势开展分析和规律凝练，是开展生态承载力评价的基础。生态供给评价中使用的数据是 VPM NPP（2000～2015 年）（https://ladsweb.modaps.eosdis.nasa.gov/search/）、ESA CCI 土地利用与土地覆被数据（http://maps.elie.ucl.ac.be/CCI/viewer/download.php）、全球 1:100 万基础地理数据（http://www.resdc.cn/Default.aspx）。

6.1.1 生态供给的空间分布

1. 全国整体情况

2000 年以来，孟加拉国陆地生态系统生态供给总量为（9.57±0.44）×10¹³g C，单位面积陆地生态系统生态供给水平为（720.75±33.27）g C/m²，约为丝路共建国家和地区单位面积生态系统供给平均水平的 1.86 倍。

全国单位面积生态供给水平空间分布存在明显差异（图 6-1），整体呈现自北向南增加态势，主要是由于孟加拉国自北向南的生态系统类型分布大致为农田、草地、林地。24°N 以南自西向东大体呈现增加趋势，且单位面积生态供给量极大值出现在东南部，极小值出现在西南部。此外，朗普尔专区和拉杰沙希专区与达卡专区交界处、达卡专区与锡莱特专区交界处出现单位面积生态供给低值，这主要由于此范围内生态系统类型主要为河流（贾木纳河、恒河）所致。

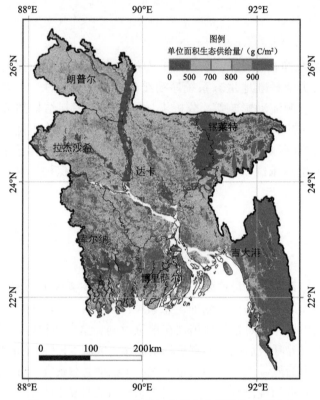

图 6-1　2000～2015 年孟加拉国生态供给的空间分布

　　从专区层面分析发现：孟加拉国各专区 2000 年以来生态供给总量多年平均值在 $6.35×10^{12}～27.56×10^{12}$g C（图 6-2），这主要取决于各个专区的面积和陆地植被的类型及其植被单位面积生产力水平。其中，吉大港专区生态供给总量最高，为 $27.56×10^{12}$g C；博里萨尔专区陆地生态系统生态供给总量最低，为 $6.35×10^{12}$g C，仅为吉大港专区的 23.04%。各专区生态供给总量如图 6-2 所示。

　　孟加拉国 2000 年以来各专区单位面积陆地生态系统生态供给能力在 540～960g C/m²（图 6-3），这主要取决于各专区所在的地理位置、气候类型、陆表植被类型等。其中，锡莱特专区单位面积生态供给量最低，为 545.24 g C/m²，吉大港专区单位面积生态供给量最高，为 953.69 g C/m²，略高于其他专区，是孟加拉国单位面积生态供给水平的 1.32 倍，是锡莱特专区单位面积陆地生态系统生态供给水平的 1.75 倍。其他 5 个专区的单位面积陆地生态系统生态供给水平在 600～900g C/m²。

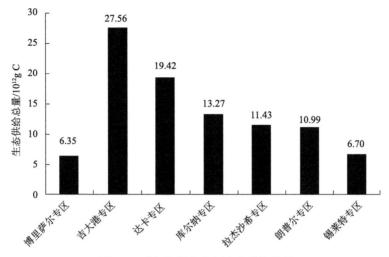

图 6-2 孟加拉国各专区生态供给总量

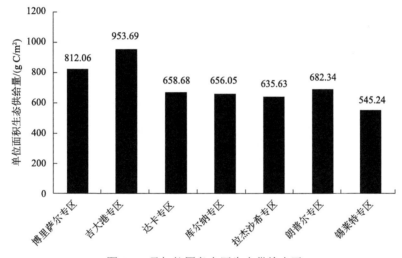

图 6-3 孟加拉国各专区生态供给水平

2. 森林生态系统

2000 年以来，孟加拉国陆表森林生态系统生态供给总量为（2.21±0.1）×10^{13}g C，单位面积陆表森林生态系统生态供给水平为（1069.73±48.72）g C/m²，约为丝路共建国家和地区单位面积森林生态系统供给水平的 2.09 倍。

2000 年、2005 年、2010 年、2015 年孟加拉国陆表森林生态系统生态供给总量分别为 2.31×10^{13}g C、2.26×10^{13}g C、2.11×10^{13}g C、2.41×10^{13}g C，单位面积陆表森林生态系统生态供给水平分别为 1118.90g C/m²、1095.54g C/m²、1022.37g C/m²、1168.44g C/m²（图 6-4）。

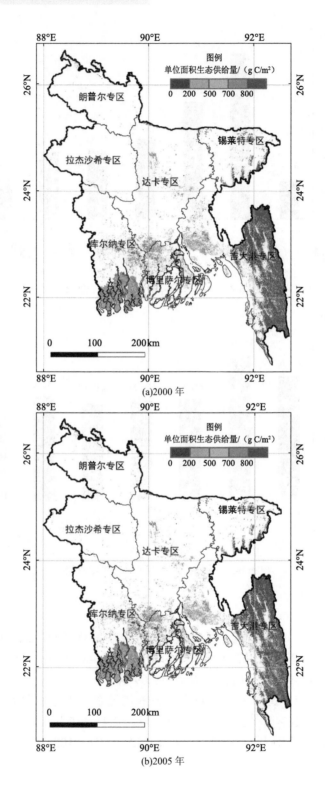

(a)2000 年

(b)2005 年

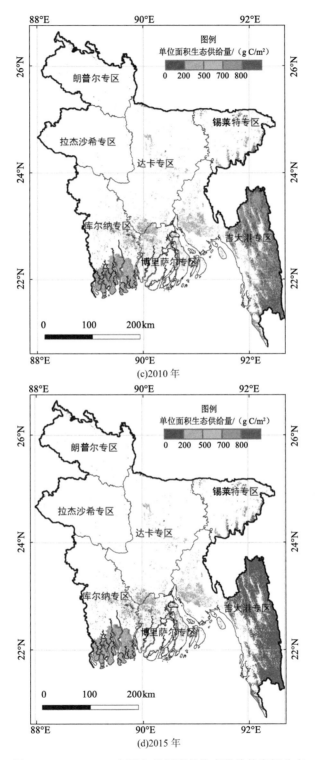

(c)2010 年

(d)2015 年

图 6-4 2000～2015 年孟加拉国森林生态供给的空间分布

全国森林生态系统生态供给水平在 24°N 以南总体上呈现出从西向东递增的规律，在 24°N 以北地区，总体上呈现零星分布，且东部地区的供给水平高于西部。

3. 草地生态系统

2000 年以来，孟加拉国陆表草地生态系统生态供给总量为 $(1.94\pm0.27)\times10^{11}$g C，单位面积陆表草地生态系统生态供给水平为 (196.33 ± 27.56)g C/m²，约为丝路共建国家和地区单位面积草地生态系统供给水平的 1.06 倍。

2000 年、2005 年、2010 年、2015 年孟加拉国陆表草地生态系统生态供给总量分别为 2.35×10^{11}g C、1.98×10^{11}g C、1.54×10^{11}g C、2.28×10^{11}g C，单位面积陆表草地生态系统生态供给水平分别为 238.20g C/m²、200.18g C/m²、156.16g C/m²、230.78g C/m²（图 6-5）。

孟加拉国草地生态系统面积极少，主要分布在朗普尔专区、拉杰沙希专区与达卡专区的边界处以及库尔纳专区的中南部即贾木纳河、恒河沿岸，仅占孟加拉国陆地总面积的 0.7%。草地生态系统生态供给水平大部分低于 600g C/m²。

(a)2000 年

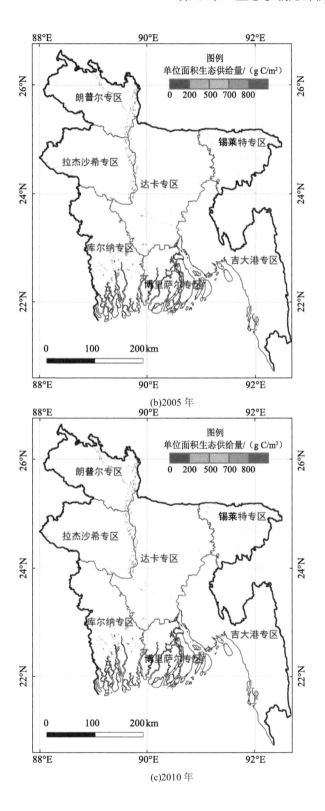

(b)2005 年

(c)2010 年

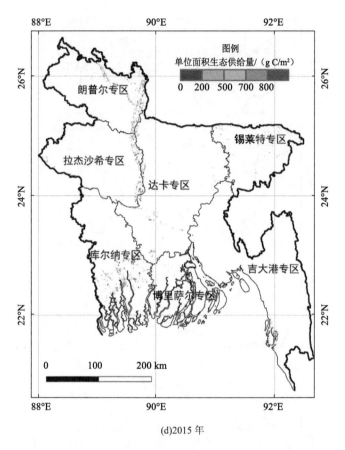

(d)2015 年

图 6-5　2000～2015 年孟加拉国草地生态供给的空间分布

4. 农田生态系统

2000 年以来,孟加拉国陆表农田生态系统生态供给总量为（7.18±0.38）×10¹³g C,单位面积陆表农田生态系统生态供给水平为（714.64±37.66）g C/m²,约为丝路共建国家和地区单位面积农田生态系统供给水平的 1.65 倍。

2000 年、2005 年、2010 年、2015 年孟加拉国陆表农田生态系统生态供给总量分别为 6.72×10¹³g C、7.29×10¹³g C、7.00×10¹³g C、8.08×10¹³g C,单位面积陆表农田生态系统生态供给水平分别为 669.27g C/m²、725.61g C/m²、696.39g C/m²、804.64g C/m²（图 6-6）。

全国农田生态系统生态供给水平总体呈现出北部、西部、南部高于东部的分布规律。生态供给水平大部分高于 200g C/m²。

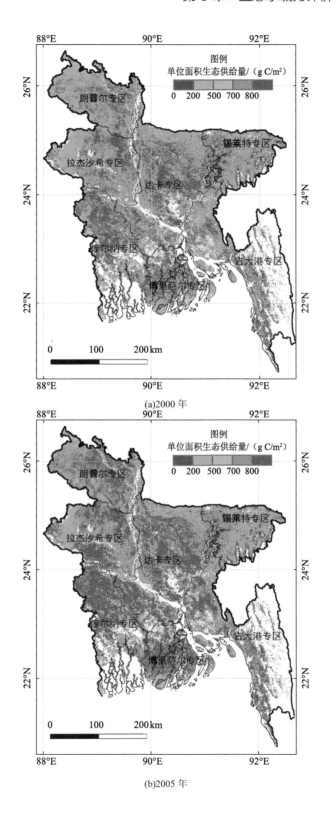

(a)2000 年

(b)2005 年

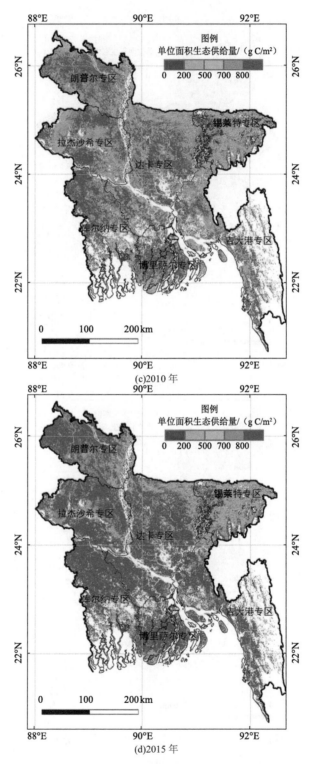

(c)2010 年

(d)2015 年

图 6-6 2000～2015 年孟加拉国农田生态供给的空间分布

6.1.2　生态供给的变化动态

1. 全国整体情况

2000 年以来，孟加拉国 NPP 上升和下降地区同时存在，但 NPP 上升的地区面积大于下降地区（图 6-7）。其中，NPP 下降区域面积为 3.9 万 km²（占国土面积的 26.42%），上升区域面积为 8.27 万 km²（占国土面积的 56.03%）。

全国陆地生态系统 NPP 显著下降区域面积为 0.96 万 km²（占国土面积的 6.5%），主要分布在锡莱特专区、库尔纳专区、吉大港专区等。

全国陆地生态系统 NPP 显著上升区域面积为 3.57 万 km²（占国土面积的 24.19%），主要呈零星点状分布在朗普尔专区、博里萨尔专区、拉杰沙希专区等。

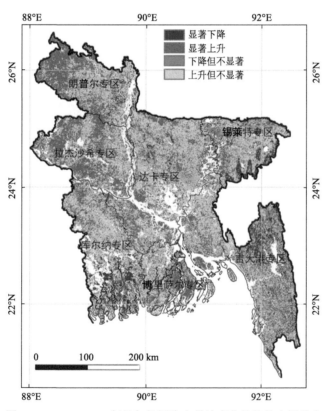

图 6-7　2000～2015 年孟加拉国生态供给变化趋势的空间分布

2. 森林生态系统

2000 年以来，孟加拉国森林生态系统 NPP 总体呈现下降趋势，NPP 下降的地区面积远大于上升地区（图 6-8）。其中，NPP 下降区域面积为 1.32 万 km²（占国土面积的 8.9%），上升区域面积为 0.65 万 km²（占国土面积的 4.4%）。

孟加拉国森林生态系统 NPP 显著下降区域面积为 0.38 万 km² (占国土面积的 2.57%)，主要呈零星点状分布在锡莱特专区、库尔纳专区的南部、吉大港专区等。

孟加拉国森林生态系统 NPP 显著上升区域面积为 0.16 万 km² (占国土面积的 1.08%)，主要呈零星点状分布在博里萨尔专区、吉大港专区的西北部等。

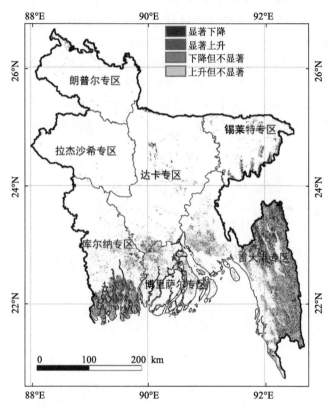

图 6-8 2000~2015 年孟加拉森林生态供给变化趋势的空间分布

3. 草地生态系统

2000 年以来，孟加拉国草地生态系统 NPP 上升区域和下降区域同时存在，但其面积都极为微小 (图 6-9)。其中，NPP 下降区域面积为 0.04 万 km² (占国土面积的 0.27%)，上升区域面积为 0.03 万 km² (占国土面积的 0.20%)。

草地生态系统 NPP 显著下降区域面积为 0.02 万 km² (占国土面积的 0.14%)，主要零星分布在朗普尔专区、拉杰沙希专区与达卡专区的边界上，以及库尔纳专区的南部。

草地生态系统 NPP 显著上升区域面积为 0.01 万 km² (占国土面积的 0.07%)，主要在库尔纳专区的中南部呈零星分布。

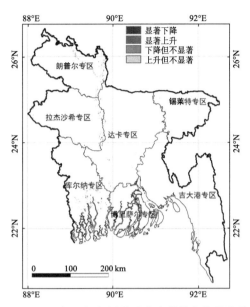

图 6-9 2000～2015 年孟加拉国草地生态供给变化趋势的空间分布

4. 农田生态系统

2000 年以来，孟加拉国农田生态系统 NPP 总体呈现上升趋势，NPP 上升区域的面积远大于下降区域面积（图 6-10）。其中，NPP 下降区域面积为 2.31 万 km^2（占国土面积的 15.65%），上升区域面积为 7.18 万 km^2（占国土面积的 48.64%）。

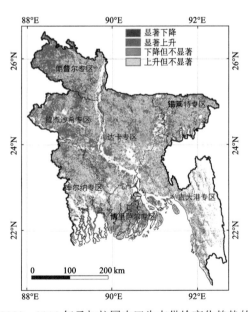

图 6-10 2000～2015 年孟加拉国农田生态供给变化趋势的空间分布

农田生态系统 NPP 显著下降区域面积为 0.48 万 km^2（占国土面积的 3.25%），主要分布在孟加拉国的锡莱特专区、库尔纳专区东南部等地区。

农田生态系统 NPP 显著上升区域面积为 3.21 万 km^2（占国土面积的 21.75%），主要呈零星点状分布在朗普尔专区北部、拉杰沙希专区的西北部、博里萨尔专区中南部等。

6.2　生态消耗模式及影响因素分析

本节主要分析孟加拉国 1961～2013 年生态系统消耗模式及其演变规律，从生态系统供给、社会经济变化等角度定量探究影响生态系统消耗的因素。本节中各类生态系统产品的消耗数据主要来自联合国粮食及农业组织（1961—2013）（http://www.fao.org/faostat/en/#data）；人口、国内生产总值（GDP）、人均 GDP、人均居民消耗支出、谷物产量数据来自世界银行（1961—2013）（https://data.worldbank. org.cn/country）；此外，通过实地调研收集到农业生产、农产品进口贸易数据等（1993—2013）（https://www.bb. org.bd/en/index.php/econdata/index）。

6.2.1　生态消耗模式及演变

1. 生态消耗模式

孟加拉国生态消耗主体包括居民及其养殖的家畜，消耗模式划分主要依据消耗主体所消耗的生态系统产品种类和数量，主要包括谷物、糖料、蔬菜、水产、饲草和木材。其中，谷物主要包括大米、小麦、玉米、大麦、高粱米、谷子等，为居民的主要食物来源，也是鸡鸭的主要饲料来源。核算消耗量时将鸡鸭养殖的消耗换算成其对玉米的消耗；糖料以甘蔗为主；蔬菜主要包括洋葱、菠菜等；水产以鱼类、虾蟹为主，其中鱼类占比达 80% 以上，因此，在消耗模式中，以鱼类消耗代表水产消耗；饲草主要用以喂养牛、羊和马，其消耗量的计算过程中，首先将这三类家畜换算成标准羊，再根据相关系数乘以标准羊单位 180 天的干草消耗量（1.8kg/d）；木材主要为居民提供燃料，以及作为制作家具的原材料和建筑材料，其消耗量的计算中，首先根据原木折算系数，将木炭、锯材等换算成原木消耗量，再根据杉木木材基本密度（300kg/m³）将木材消耗中体积单位（m³）换算成重量单位（kg）。具体换算方法和系数，见参考文献（Liang et al.，2019；Zhang et al.，2019）。

依据孟加拉国生态消耗数量和偏好以及不同时期的消耗特点，结合实地调研和利益相关者调查，以单种类年消耗量大于 $30×10^8$kg 为标准，将孟加拉国生态消耗划分为三个模式：第一时期（1961～1979 年），表现为"谷糖草木"模式；第二时期（1980～1994 年），表现为"谷糖蔬草木"模式；第三时期（1995～2013 年），表现为"谷糖蔬鱼草木"模式（表 6-1）。

表 6-1 1961～2013 年孟加拉国生态消耗模式及其变化特征

消耗模式	时期	消耗主体	主要种类	变化特点	说明
谷糖草木	1961～1979 年	居民	谷物、糖料、木材	谷物消耗波动式增加；木材消耗增势平稳；糖料消耗稳中有增	谷物：大米、小麦、玉米、大麦、高粱米、谷子，用于居民食用和家禽养殖
		禽畜（鸡、鸭、牛、羊、马）	饲草、谷物	饲草消耗在总消耗中占比最大，年增长率为 3%；谷物消耗量微增	糖料：甘蔗
谷糖蔬草木	1980～1994 年	居民	谷物、糖料、蔬菜、木材	谷物消耗提升较大；蔬菜消耗小幅增加；木材与糖料消耗均稳中微增	木材：原木和折算成原木的木炭、锯材、刨花板、单板、胶合板，用作燃料、家具、建筑材料
		禽畜（鸡、鸭、牛、羊、马）	饲草、谷物	饲草消耗增势放缓；谷物消耗保持小幅增加	蔬菜：洋葱、菠菜、西兰花、西红柿、土豆、青椒、莴苣等
谷糖蔬鱼草木	1995～2013 年	居民	谷物、蔬菜、水产、木材	谷物、蔬菜和水产的消耗大幅提升，木材消耗增幅较小	水产：淡水鱼、远洋鱼、底栖鱼、虾蟹
		禽畜（鸡、鸭、牛、羊、马）	饲草、谷物	饲草与谷物消耗均呈稳定上升趋势，饲草消耗的增幅大于谷物消耗	饲草：牛、羊、马消耗的干草（含水率 14%）

2. 生态消耗模式演变特点

研究发现，在 1961～2013 年的 50 余年间，孟加拉国三种生态消耗模式中，各主要消耗种类的消耗总量总体呈持续增长态势（图 6-11）。其中，谷物消耗量增加了近 3 倍，

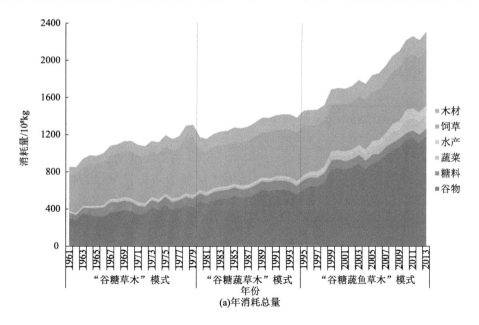

(a)年消耗总量

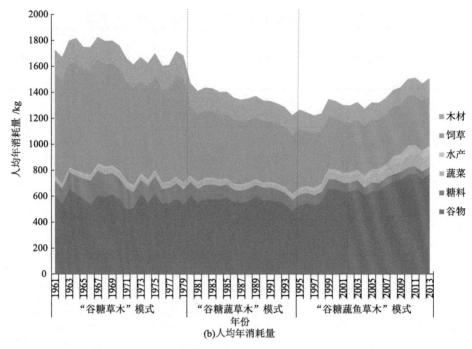

图 6-11　1961～2013 年孟加拉国生态系统的消耗模式及其变化

数据来源：联合国粮食及农业组织，1961～2013 年的数据

由 1961 年的 298.61×10⁸kg 增加到 2013 年的 1178.25×10⁸kg，人均谷物年消耗量从 1961 年的 604.94kg 增加到 2013 年的 771.28kg；糖料消耗量增幅较小，仅由 1961 年的 55.45×10⁸kg 增加到 2013 年的 84.70×10⁸kg，人均糖料年消耗量则呈下降态势，由 1961 年的 112.34kg 下降至 2013 年的 55.44kg；蔬菜消耗量自 1980 年始出现了较大增加，由 1980 年的 30.29×10⁸kg 增加到 2013 年的 159.40×10⁸kg，增加了近 4.3 倍，人均年消耗量由 1980 年的 38.04kg 增加至 2013 年的 104.34kg；人均水产消耗量较小，仍呈稳定增加态势，由 1995 年的 17.42kg 增加至 2013 年 61.72kg。

不同时期消耗模式的演变特点不同，在 1961～1979 年，以"谷糖草木"模式为主，其中谷物消耗呈波动增加态势，以 1978 年的 434.74×10⁸kg 为该时期谷物最大年消耗量；糖料消耗呈先增加后降低态势，最高消耗量为 113.16×10⁸kg，出现在 1967 年；饲草呈快速增加态势，而木材消耗则呈平稳增加态势，两者最大值均出现在 1979 年，分别为 617.31×10⁸kg 和 139.71×10⁸kg。1980～1994 年，以"谷糖蔬草木"模式为主，该阶段消耗模式明显的变化是蔬菜年消耗量出现了持续增加的态势，至 1994 年消耗量达到 35.14×10⁸kg；同时，谷物和糖料消耗呈先增加后降低态势，两者最大消耗量分别是 1989 年的 601.59×10⁸kg 和 1991 年的 106.11×10⁸kg；饲草和木材依然保持平稳增加态势，两者最大值均出现在 1994 年，分别为 512.94×10⁸kg 和 170.77×10⁸kg。1995～2013 年，以"谷糖蔬鱼草木"模式为主，该阶段出现了较高的水产消耗，且年消耗量呈持续增加态势，至 2010 年达到 107.70×10⁸kg，消耗模式更加多元化；谷物和蔬菜消耗也呈现出快速增加态势，两者在 2013 年的消耗量分别达到了 1178.25×10^{8}kg 和 159.40×10^{8}kg；糖料消耗呈显著降低态势，由 1995 年的 104.69×10^{8}kg 降到 2013 年的 84.70×10^{8}kg；饲草和木材呈波动上升态势，最大值分别是 580.55×10^{8}kg 和 209.40×10^{8}kg，均出现在 2013 年。

另外，相比 1979 年，饲草消耗量在 1980 年出现大幅下降，这与孟加拉国 1980 年牲畜养殖量减少有关，其牛、绵羊和山羊的饲养量较前一年分别降低了 32.09%、44.58% 和 29.60%。因 1994 年和 2004 年的谷物种植面积分别较前一年减少了 9166hm^2 和 522633 hm^2，谷物年产量分别较前一年下降了 18.92×10^{8}kg 和 22.56×10^{8}kg，受此影响，1994 年和 2004 年的谷物消耗量均出现了大幅下降（图 6-11），谷物人均年消耗量分别降至 484.73kg 和 604.61kg。

3. 对不同生态系统的消耗特点

孟加拉国居民及其养殖的家畜所消耗的生态系统产品主要来自于农田生态系统、草地生态系统、森林生态系统和水域生态系统。不同时期，居民和家畜对各生态系统的消耗呈现不同特点。1961～2013 年，总消耗呈现持续增长趋势[图 6-12（a）]，2013 年达到 2532.25×10^{8}kg。对各类生态系统的年消耗总量均呈现波动式增长态势[图 6-12（a）]，其中对农田生态系统消耗增长最为明显，由 411.87×10^{8}kg 增长到 1599.44×10^{8}kg，50 余年间增加了近 3 倍。与农田不同，对草地生态系统消耗量整体变化较小，呈现出明显的先增加后降低再持续增加的特点。对森林和水域生态系统的消耗量整体上呈现出稳定的增加趋势，分别由 1961 年的 94.59×10^{8}kg 和 7.28×10^{8}kg 增加到 2013 年的 229.02×10^{8}kg 和 94.29×10^{8}kg[图 6-12（a）]。

具体而言，在 1961～1979 年的"谷糖草木"模式中，总消耗呈现缓慢增加态势。其中，农田消耗呈波动增加态势，其消耗占比保持在 45% 左右；草地和森林消耗则呈平稳增加态势，在 1979 年分别达到最大值 635.69×10^{8}kg 和 145.77×10^{8}kg；水域消耗占比一直低于 1%，最大消耗仅为 10.55×10^{8}kg。在 1980～1994 年的"谷糖蔬草木"模式中，总消耗仍呈现缓慢增加态势。其中，农田消耗呈平稳增加态势，其消耗占比突破 50%，最大值是 1992 年的 799.25×10^{8}kg；草地和森林消耗均呈平稳增加态势，两者最大值均出现在 1994 年，分别是 531.39×10^{8}kg 和 177.58×10^{8}kg；水域消耗波动式小幅增加，占比突破了 1%，但年均消耗仍在 20×10^{8}kg 以下。在 1995～2013 年的"谷糖蔬鱼草木"模式中，总消耗呈快速增加态势。其中，农田和水域消耗的增幅较大，农田消耗占比在 2013 年达到 63.16%，农田和水域消耗最大值分别是 1599.44×10^{8}kg（2013 年）和 107.70×10^{8}kg（2010 年）；近 20 年间，农田消耗增加了近 1 倍，水域消耗增加了 4.4 倍；森林和草地消耗虽有增加，但增幅较小，消耗占比均呈下降态势。森林和草地消耗占比分别由 1980 年的 11.39% 和 35.01% 下降至 2013 年的 9.04% 和 24.07%[图 6-12（b）]。

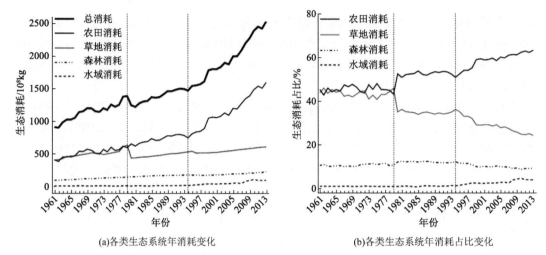

(a)各类生态系统年消耗变化　　　　　　　　(b)各类生态系统年消耗占比变化

图 6-12　1961～2013 年孟加拉国各类生态系统消耗及其占比的变化

数据来源：联合国粮食及农业组织 1961～2013 年的数据

　　1961～2013 年，孟加拉国生态系统产品年人均总消耗和各类生态系统人均消耗在不同消耗模式呈现出较大的波动。年人均总消耗在"谷糖草木"模式中（1961～1979 年），虽有一定的年际波动，但总体稳定在 1820kg/人左右；"谷糖蔬草木"模式中（1980～1994 年），则呈现明显下降趋势，由 1792.52kg/人下降到 1306.08kg/人；"谷糖蔬鱼草木"模式中（1995～2013 年），呈现逐步回升的趋势，并于 2013 年达到 1657.61kg/人。农田生态系统年人均消耗于 1961～1994 年期间总体上有缓慢下降趋势，并于此后开始回升，于 2013 年达到 1047.00kg/人。草地生态系统年人均消耗在 1961～2013 年总体呈现下降趋势，由 808.12kg/人下降到 398.98kg/人。1961～2013 年，森林生态系统年人均消耗量略有下降，而水域生态系统年人均消耗量逐步上升，2013 年二者分别为 149.92kg/人和 61.72kg/人（图 6-13）。

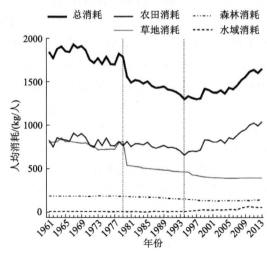

图 6-13　1961～2013 年孟加拉国各类生态系统服务人均消耗的变化

数据来源：联合国粮食及农业组织 1961～2013 年的数据

6.2.2   消耗模式变化的影响因素分析

生态系统供给能力、人口增长、社会经济发展水平等对消耗模式产生影响，主要影响因子包括谷物产量、农产品（包括农林牧渔产品）进口贸易额、总人口、城镇和农村人口占比、国内生产总值（GDP）、人均 GDP、居民人均消耗支出等。

1. 生态系统供给能力

供给能力主要通过国内生产和国外进口来反映。生态系统的生产能力决定着生态系统提供产品和服务的总量，受面积和单位面积生产力的影响。

1961～1994 年，谷物产量整体处于平稳上升态势，1995～2013 年，谷物产量则出现了大幅增加态势[图 6-14（a）]，与同时期消耗模式中谷物消耗、农田生态系统消耗和生态系统总消耗的变化趋势相符。1995～2013 年，谷物年产量大幅上升[图 6-14（a）]，使"谷糖蔬鱼草木"模式中谷物消耗量在 19 年间增加了近 1 倍。孟加拉国通过引进先进的农业种植技术，如采用高产品种、增加灌溉、增施化肥和农药等不断提升单位面积产量。1961～2013 年，谷物单产由 1514kg/hm² 上升至 4601kg/hm²，增长了 2 倍，显著提高了单位面积土地供给能力，为各时期消耗模式中谷物消耗量的持续增加奠定了基础。进一步分析表明，农田生态系统消耗与谷物年产量存在密切的正相关关系（$r=0.996$，$P<0.001$），即谷物年产量的提升促进了对农田生态消耗的增加。此外，孟加拉国生态系统总消耗也与谷物年产量存在密切的关系（$r=0.989$，$P<0.001$；表 6-2），这与农田生态系统消耗在孟加拉国生态系统总消耗中所占比例较大有关。通过国际贸易可实现生态供给和消耗的跨区域流动，通过进口可为当地生态消耗提供补给，从而满足居民对生态消耗的需求。1995 年以来，孟加拉国对农产品的进口额持续增加[图 6-14（b）]，与不同消耗模式中谷物、蔬菜、水产消耗的增加趋势一致，表明生态系统总消耗与农产品进口额显著相关（$r=0.943$，$P<0.001$；表 6-2）。

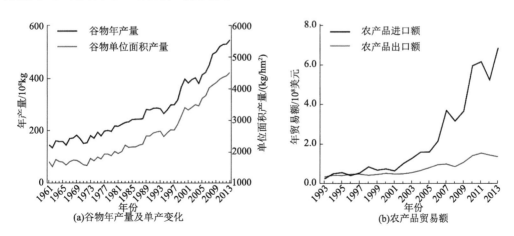

(a)谷物年产量及单产变化   (b)农产品贸易额

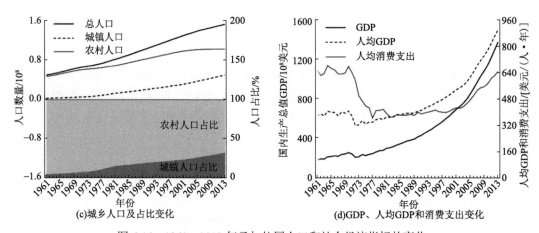

图 6-14　1961～2013 年孟加拉国人口和社会经济指标的变化

数据来源：图（a）、图（c）和图（d）数据来源于世界银行 1961～2013 年的数据；图（b）数据来源于孟加拉国银行 1993～2013 年的数据

表 6-2　1961～2013 年孟加拉国生态系统消耗与社会经济因素间的相关性

影响因素	数据年份	相关系数	显著性
生态系统总消耗			
谷物年产量	1961～2013	0.989	<0.001
农产品进口贸易额	1993～2013	0.943	<0.001
总人口	1961～2013	0.950	<0.001
城镇居民人口占比	1961～2013	0.941	<0.001
国内生产总值	1961～2013	0.984	<0.001
生态系统人均消耗			
人均国内生产总值	1961～2013	−0.265	0.055
人均居民消费支出	1961～2013	0.722	<0.001

2. 人口和经济增长

1961～2013 年，孟加拉国人口数量持续增加，人口的变化趋势与生态系统总消耗量的趋势相一致[图 6-12（a）]。表明随着总人口不断增加，谷物的消耗量在"谷糖蔬鱼草木"模式中比"谷糖草木"模式中增加了近 3 倍。另外，相关性分析表明，生态系统总消耗的增加和人口的增长密切相关（$r=0.950$，$P<0.001$），反映出人口的增长会直接增加对食物的需求，增加对生态系统服务的消耗。此外，自 1980 年始，孟加拉国城镇人口占比快速增加，于 2013 年达到 32.76%，城镇人口达到 5004.88 万，相应地，蔬菜和水产消耗量出现了大幅增加，分别达到了 $159.40 \times 10^8 kg$ 和 $94.29 \times 10^8 kg$，表明随着城镇化水平的提升，消费水平和购买力也发生了变化，消费的多元化程度提高，生态系统总消耗也与城镇居民人口占比的变化存在密切的关系（$r=0.941$，$P<0.001$），表明城市化水平对生态系统总消耗产生显著影响。

社会经济水平的不断发展与提升有助于提高居民购买力，促进居民对食物消耗种类与结构的改变，这些会影响生态消耗模式的演变、生态系统服务总消耗和人均消耗量的变化。分析发现，1961～2013 年，孟加拉国 GDP 总量和人均 GDP 均呈现持续增加的趋势[图 6-14 (d)]，这一趋势与食物消耗多元化相符，如蔬菜消耗的快速增加出现在第二时期的消耗模式，水产消耗的快速增加出现在第三时期的消耗模式。此外，生态系统总消耗与 GDP 总量关系十分密切，相关系数达 0.984（$P<0.001$，表 6-2）。

综上分析，孟加拉国生态消耗模式总共分为三个时期，不同时期呈现不同的消耗特点。1961～1979 年，以"谷糖草木"消耗模式为主，谷物、饲草和木材消耗总体呈增加态势，糖料消耗则呈先增加后降低态势；1980～1994 年，以"谷糖蔬草木"消耗模式为主，该时期因经济水平提升，居民生活改善，对蔬菜的消耗快速增加；谷物和糖料消耗呈先增加后降低态势，饲草和木材保持平稳增加态势；1995～2013 年，以"谷糖蔬鱼草木"消耗模式为主，该时期随着国内供给和国际贸易进口量增加，消耗种类日益多元化，水产呈持续增加态势，谷物和蔬菜消耗均呈快速增加态势；糖料消耗呈显著降低态势，饲草和木材呈波动上升态势。同时，各类生态系统总消耗中，1961～2013 年农田和草地的消耗平均分别占到 52.24%和 35.55%，而森林和水域仅占到 10.66%和 1.55%。这一消耗特点主要是由当地的自然资源情况决定的，孟加拉国的生态系统类型以农田和草地为主，虽然孟加拉国濒临海洋并有丰富的水域资源，但水域消耗占比却很小，这可能与当地的水域资源开发利用程度较低有关。1994～2013 年，孟加拉国草地生态系统消耗量基本保持不变，但其所占比例持续降低，这可能与谷物单位面积产量和总产量的持续增长而草地资源的开发利用达到饱和，使得农田的供给能力持续提升而草地的供给保持恒定有关。

6.3　生态承载力与承载状态

本节主要从生态系统生态供给与生态消耗的角度出发，通过对 2000～2013 年孟加拉国以及 2001 年和 2011 年各专区生态系统生态供给与生态消耗的研究，推算孟加拉国生态系统生态供给量（多年均值）和标准人均生态消耗量两个关键参数，以此为基础测算孟加拉国的人口生态承载能力，结合 2000～2013 年人口数量评价孟加拉国人口承载状态、为孟加拉国人口空间规划与合理布局提供科学借鉴依据。

本节的计算分析主要采用的基础数据有 2000～2013 年 MODIS NPP 数据、2000～2013 年孟加拉国人均食物消耗量数据（http://labs.fao.org）、2000～2013 年孟加拉国人口数据（http://www.bbs.gov.bd）。

6.3.1　生态承载力

生态承载力是指在不损害生态系统的生产力和功能完整的前提下区域可持续承载

的最大社会经济活动的强度和具有一定生活水平的人口规模。本书主要从生态系统生态供给与生态消耗的角度出发，通过对 2000~2013 年孟加拉国以及 2001 年和 2011 年各专区生态系统生态供给与生态消耗的研究，推算孟加拉国生态系统生态供给量（多年均值）和标准人均生态消耗量两个关键参数，以此为基础测算孟加拉国及其各专区的人口生态承载能力。

1. 全国尺度

2000~2013 年孟加拉国全国生态承载力处于连续下降的状态，生态承载力上限量[①]从 2000 年的 2.47 亿人下降到 2013 年的 2.26 亿人，降幅约为 8.50%。生态承载力适宜量[②]从 2000 年的 1.23 亿人下降到 2013 年的 1.13 亿人。2001 年孟加拉国有 1.24 亿人常住人口，到 2011 年增长至 1.44 亿常住人口，超过了生态承载力适宜量，未超过生态承载力上限量，2011 年人口数量距生态承载力上限量有 8395.96 万人，即全国尚可以承载的人口数量为 8395.96 万人（图 6-15）。

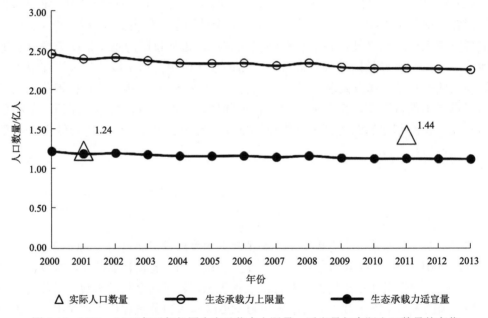

图 6-15　2000~2013 年孟加拉国生态承载力上限量、适宜量与实际人口数量的变化

2. 分区尺度

1）自然地理空间分异特点

各专区生态承载力差异悬殊，空间分布不均匀，单位面积生态承载力东南部高于

---

①生态承载力上限量：根据生态供给上限量测算得到的生态承载力。
②生态承载力适宜量：根据生态供给适宜量测算得到的生态承载力。

西北部（图 6-16）。2011 年孟加拉国单位面积生态承载力为 1713.38 人/km²，吉大港专区和博里萨尔专区的单位面积生态承载力都高于孟加拉国平均水平，其中吉大港专区单位面积生态承载力最大，为 2041.82 人/km²，大于其他专区；锡莱特专区的单位面积生态承载力为 1345.07 人/km²，远远小于其他专区；达卡专区、库尔纳专区、拉杰沙希专区、朗普尔专区的单位面积生态承载力为 1500~1750 人/km²，基本等同于国家平均水平。

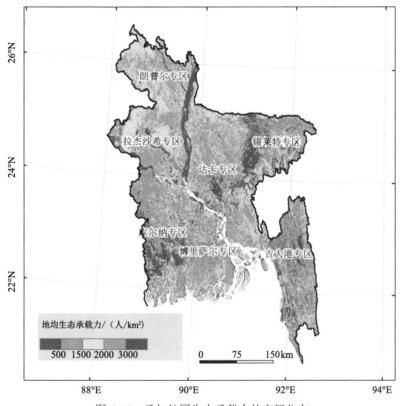

图 6-16　孟加拉国生态承载力的空间分布

2）专区维度空间分异特点

各专区生态承载力差异悬殊（图 6-17）。2011 年吉大港专区生态承载力上限量最高，超过了 5000 万人，占全国生态承载力上限量的 25.99%；锡莱特专区和博里萨尔专区的生态承载力上限量不足 2000 万人，其中博里萨尔专区的生态承载力上限量仅为 792.54 万人，仅占全国生态承载力上限量的 6.95%，约为吉大港专区的 1/6。2011 年生态承载力上限量介于 2000 万~5000 万人的专区有 4 个，分别为达卡专区、库尔纳专区、拉杰沙希专区和朗普尔专区。

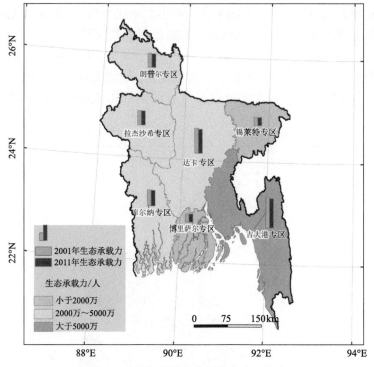

图 6-17　孟加拉国各专区的生态承载力

3）生态承载力超载情况

2011 年孟加拉国除吉大港专区实际人口数量未超过生态承载力适宜量，其他 6 个专区人口数量均超过生态承载力适宜量，未超过生态承载力上限量，其中达卡专区人口数量达生态承载力上限量的 0.98，区域生态系统的人口承载空间十分有限（图 6-18 和表 6-3）。

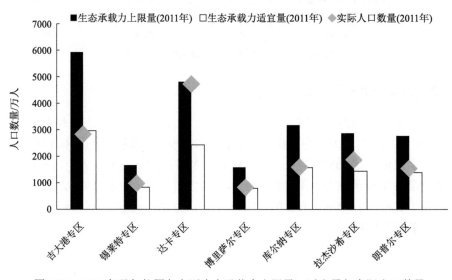

图 6-18　2011 年孟加拉国各专区生态承载力上限量、适宜量与实际人口数量

表 6-3　2001 年、2011 年孟加拉国各专区生态承载力上限量与适宜量（单位：万人）

序号	专区	2001 年		2011 年	
		上限量	适宜量	上限量	适宜量
1	吉大港专区	6241.49	3120.74	5925.01	2962.50
2	锡莱特专区	1741.68	870.84	1653.36	826.68
3	达卡专区	5090.25	2545.12	4832.15	2416.07
4	博里萨尔专区	1669.74	834.87	1585.08	792.54
5	库尔纳专区	3343.48	1671.74	3173.94	1586.97
6	拉杰沙希专区	3012.25	1506.12	2859.51	1429.76
7	朗普尔专区	2918.26	1459.13	2770.28	1385.14

就 2011 年生态承载力上限量、适宜量与常住人口之间的关系来看，孟加拉国人口数量超过生态承载力适宜量，未超过生态承载力上限量；分专区来看，吉大港专区未超过生态承载力适宜量，其他 6 个专区人口数量均超过生态承载力适宜量，未超过生态承载力上限量。其中达卡专区的生态承载压力最大，人口数量占生态承载力上限量的 0.98，区域生态系统的人口承载空间十分有限。

6.3.2　生态承载状态与分区研究

生态承载状态反映生态承载力与现有人口数量之间的关系，本节将生态承载状态分为 6 个等级：富富有余、盈余、平衡有余、临界超载、超载和严重超载。根据人口生态承载状态指数以及人口生态承载状态分级标准（封志明等，2008；封志明等，2014）（表6-4），评价孟加拉国人口生态承载状态。

表 6-4　生态承载状态的分级标准

指数	富余		临界		超载	
	富富有余	盈余	平衡有余	临界超载	超载	严重超载
生态承载状态指数	小于 0.6	0.6～0.8	0.8～1.0	1.0～1.2	1.2～1.4	大于 1.4

1. 全国尺度

从生态承载力适宜量和生态承载力上限量来看（图 6-19），孟加拉国 2008 年之前一直处于富富有余和临界超载状态，随着承载压力的不断增大，生态承载力在 2009 年之后处于盈余和超载状态，2013 年全国人口数已达到生态承载力适宜量的 1.31 倍。

从生态承载力适宜量来看，全国生态承载指数从 2000 年的 0.50 连续增长至 2013 年的 0.65，全国人口数已达到生态承载力适宜量的 1.31 倍，生态承载力在 2008 年之前一直处于富富有余状态，随着承载压力的不断增大，生态承载力在 2009 年之后处于盈余状态。从生态承载力上限量来看，全国生态承载指数从 2000 年的 1.00 连续增长至 2013 年的 1.31，全国人口数占生态承载力上限量的 65%，生态承载力在 2008 年之前一直处于临界超载状态，随着承载压力的不断增大，生态承载力在 2009 年之后处于超载状态。

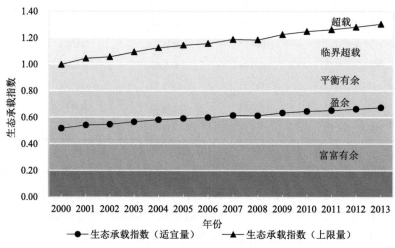

图 6-19　2000～2013 年孟加拉国生态承载指数与生态承载状态的变化

2. 分区尺度

根据生态承载力上限量，在 2001 年和 2011 年两个时间节点上，吉大港专区、博里萨尔专区、库尔纳专区和朗普尔专区一直处于富富有余的状态；锡莱特专区和拉杰沙希专区的生态承载状态由富富有余转变为盈余；达卡专区的生态承载状态由盈余转变为平衡有余（表 6-5 和图 6-20）。

根据生态承载力适宜量，在 2001 年和 2011 年两个时间节点，达卡专区的生态承载力一直处于严重超载的状态；库尔纳专区一直处于平衡有余的生态承载状态；吉大港专区的生态承载状态由 2001 年的盈余转变为 2011 年的平衡有余；博里萨尔专区、朗普尔专区在 2001 年还处于平衡有余的生态承载状态，至 2011 年转变为临界超载的生态承载状态；锡莱特专区的生态承载状态由 2001 年的平衡有余状态转变为 2011 年的超载状态；拉杰沙希专区的生态承载状态由 2001 年的临界超载状态转变为 2011 年的超载状态（表 6-6 图 6-21）。

表 6-5　2001 年、2011 年孟加拉国各专区生态承载状态（基于生态承载力上限量）

生态承载状态	2001 年	2011 年
平衡有余	—	达卡专区
盈余	达卡专区	锡莱特专区、拉杰沙希专区
富富有余	吉大港专区、锡莱特专区、博里萨尔专区、库尔纳专区、拉杰沙希专区、朗普尔专区	吉大港专区、博里萨尔专区、库尔纳专区、朗普尔专区

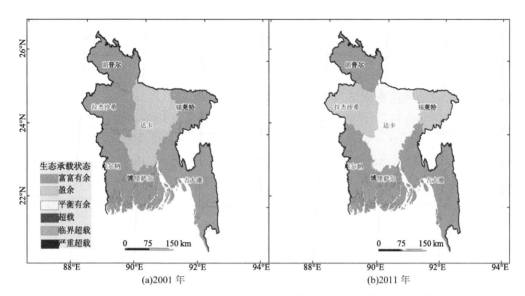

图 6-20　2001 年、2011 年孟加拉国生态承载状态的空间分布（基于生态承载力上限量）

表 6-6　**2001 年、2011 年孟加拉国各专区生态承载状态**（基于生态承载力适宜量）

生态承载状态	2001 年	2011 年
严重超载	达卡专区	达卡专区
超载	—	拉杰沙希专区、锡莱特专区
临界超载	拉杰沙希专区	博里萨尔专区、朗普尔专区
平衡有余	博里萨尔专区、库尔纳专区、朗普尔专区、锡莱特专区	库尔纳专区、吉大港专区
盈余	吉大港专区	

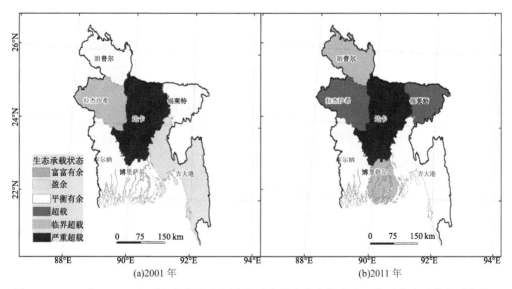

图 6-21　2001 年、2011 年孟加拉国各专区生态承载状态的空间分布（基于生态承载力适宜量）

6.4 生态承载力的未来情景与谐适策略

基于未来土地利用变化情景模型模拟产品（GeoSOS-FLUS），结合孟加拉国人口、农业等统计数据和世界银行对于人口的预测数据，以及孟加拉国农业、林业、环境和生态保护规划等，构建 2030 年基准情景和绿色丝路建设愿景下的孟加拉国森林、农田生态系统变化情景，预测生态供给能力的变化态势。利用 2030 年人口变化情景预测分析孟加拉国生态消耗水平变化态势，进而预测生态承载状态演变态势。总结目前农田、森林、湿地等生态系统承载存在的问题，为提出未来生态保护、提升生态承载力提供谐适策略。

6.4.1 基于绿色丝路建设愿景的情景分析

1. 生态系统变化情景构建

2030 年，基准情景下，吉大港专区的诺阿卡利、朗普尔专区的古里格拉姆等 7 县森林资源面积将明显减少，朗普尔专区的迪纳杰布尔、拉杰沙希专区的诺瓦布甘杰等 24 县的森林资源面积将轻微减少。库尔纳专区的巴凯尔哈德、博里萨尔专区的博里萨尔等 14 个县，森林资源面积将明显增加。其余 14 个县的森林资源面积基本持衡。绿色丝路建设愿景下，孟加拉国将有 12 个县的森林面积明显增加，包括吉大港县、班多尔班县、兰加马蒂县等，12 个县的森林面积将轻微增加，23 个县的森林面积减少，其余各县森林面积保持不变（图 6-22）。

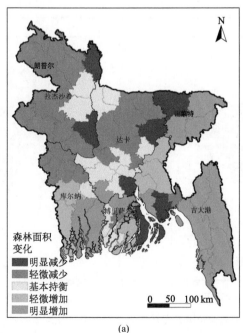

(a)

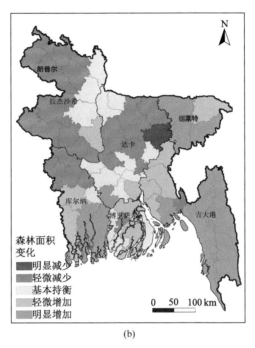

(b)

图 6-22　基准情景（a）和绿色丝路建设愿景（b）下孟加拉国森林面积的变化

2030 年，基准情景下，11 个县的农田面积将呈现明显增加态势，20 个县的农田面积将呈现轻微增加态势，而 3 个县的农田面积将呈现轻微减少态势。绿色丝路建设愿景下，7 个县的农田面积将呈现明显增加态势，8 个县的农田面积将呈现轻微增加态势，其余县的农田面积将表现为基本持衡（图 6-23）。

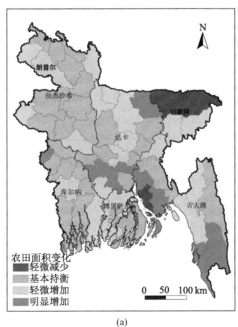

(a)

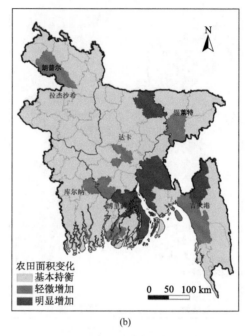

(b)

图 6-23　基准情景（a）和绿色丝路建设愿景（b）下孟加拉国农田面积的变化

2. 人口变化情景

　　基于人口密度与夜间灯光指数的相关关系，利用世界银行预测的孟加拉国未来人口数量变化与夜间灯光指数年际变化趋势，分析未来孟加拉国县级尺度的人口密度变化趋势。

　　从孟加拉国 64 个县人口密度分布现状来看（图 6-24），人口密度最大的区域集中在达卡县和纳拉扬甘杰县，超过了 2000 人/km²，人口密度最小的区域在南部沿海博里萨尔专区和吉大港专区东部，人口密度低于 500 人/km²，其余大部分县的人口密度为 800～1200 人/km²。

　　据世界银行统计数据，在 20 世纪 70 年代，孟加拉国就已实施基层生育计划，生育率从 1977 年的 6.6% 下降到现在的 2.4%。目前，孟加拉国人口以每年 200 万人的速度增长。基于夜光指数反映人口流动可以看出，由于北部洪水和南部飓风的影响，大量人口向首都达卡流动，导致以达卡县为中心的区域人口集聚。吉大港县地理位置优越、产业相对发达，也成为人口流入量较大区域。

　　未来人口密度是衡量生态消耗水平的相关性指标之一。2030 年，孟加拉国人口将接近 2 亿。除新增人口以外，人口迁移流动将会造成孟加拉国人口密度的较大变化。人口迁移的两个主要原因是避灾和就业，一方面，达卡和吉大港是全球两个受极端气候影响且人口增长最快的城市，为躲避北部洪水和南部飓风，到 2030 年，预计将会有 2000 万孟加拉国人迫于气候变化影响选择背井离乡，大部分将涌入达卡和吉大港；另一方面，孟加拉国政府在 2015 年提出未来 15 年内建设 100 个经济区，以此创造 1000 万就业岗位，实现 400 亿美元的出口目标，未来肯定会引起经济区的人口聚集。2030 年，从空间分布上看来，孟加拉国未来人口密度变化呈现以 "达卡-纳拉扬甘杰-加济布尔" 三点为轴心的蔓延状态，以及以吉大港县为中心的点状扩张态势（图 6-25）。达卡县、纳拉扬甘杰县、加济布尔县、吉大港县人口数量将显著增加，35 个县一般增加，25 个县缓慢增加。

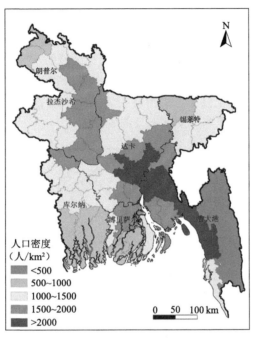

图 6-24 孟加拉国各县人口密度的空间分布

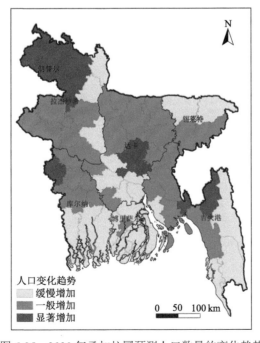

图 6-25 2030 年孟加拉国预测人口数量的变化趋势

6.4.2 生态承载力演变态势

1. 生态供给能力变化

2030 年，基准情景下，孟加拉国吉大港专区、锡莱特专区等专区的 12 个县生态供给将严重减少；达卡专区北部、吉大港专区西部等区域的 12 个县生态供给将一般减少。然而，14 个县生态供给将明显增加，26 个县生态供给将一般增加。2030 年，绿色丝路建设愿景下，孟加拉国 14 个县生态供给将明显增加，26 个县生态供给将一般增加，其余 24 个县的生态供给呈现基本不变状态（图 6-26）。

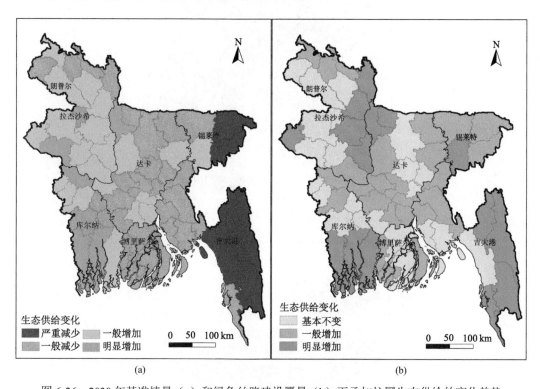

图 6-26 2030 年基准情景（a）和绿色丝路建设愿景（b）下孟加拉国生态供给的变化趋势

2. 生态消耗水平变化

生态消耗水平增速显著加快的县将主要分布达卡县、库米拉县、迈门辛县、吉大港县，由于人口不断聚集导致生活消耗增幅极大，使得生态消耗显著增加。2030 年，35 个县的生态消耗水平将维持现状，25 个县将一般增加，以农业生产消耗为主（图6-27）。

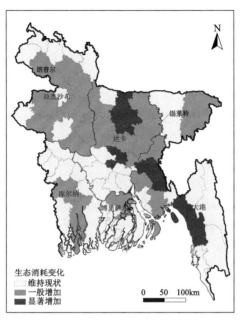

图 6-27　2030 年孟加拉国生态消耗的变化趋势

3. 生态承载状态预测

2030 年，孟加拉国有 5 个县将出现生态承载超载现象，包括达卡县、坦盖尔县、迈门辛县、吉大港县、库米拉县；15 个县将出现临界超载，主要分布在孟加拉国西部和中东部。此外，20 个县生态承载状态为平衡有余，24 个县则将表现为盈余（图 6-28）。

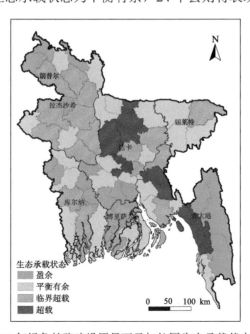

图 6-28　2030 年绿色丝路建设愿景下孟加拉国生态承载状态的空间分布

6.4.3 生态承载力谐适策略

1. 生态承载关键问题

农田生态承载关键问题：①干旱、洪涝水蚀和盐碱化导致土壤肥力丧失、地下水位急剧减少等农田土地退化现象是农田生态系统面临的主要问题。②农田生产粮食的能力也已经处于不稳定状态，并且可能会进一步下降。极端灾害导致农作物减产甚至绝收，稻米将减产 30%。2017 年 8 月，罕见的大型南亚季风洪水袭击了孟加拉国，约 468 万 hm² 农田被淹，大面积水稻遭殃。③河岸侵蚀造成耕地减少，每年损失耕地 6000hm²。2019 年 5 月，飓风"法尼"致孟加拉国沿海地区 6.3 万 hm² 土地和 1.36 万人受灾，受灾农作物主要为水稻、玉米、蔬菜、黄麻和槟榔等。2030 年，洪水和海平面上升导致的淹没面积约占孟加拉国总面积的 11.9%，主要分布在西南部库尔纳专区、博里萨尔专区（图 6-29）。这些都将影响孟加拉国粮食安全、生计、经济增长和农田生态系统的长期可持续性。

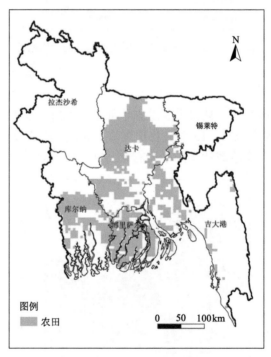

图 6-29　2030 年气候变化情景受洪水影响的孟加拉国农田的空间分布

森林生态承载关键问题：持续的森林退化和损失阻碍了孟加拉国森林的可持续发展前景。由于过度农业开发、火灾和放牧等因素，孟加拉国森林资源无论在面积上还是质量上都在持续减少。根据《2015 年全球森林资源评估报告》，1990～2015 年，孟加拉国原始林地从 1494 万 hm² 减少到 1429 万 hm²，每年损失 2.6 万 hm² 原始林地。

生物多样性受到威胁。孟加拉国渔业部门为大约 120 万全职和 1200 万兼职渔民和工人提供就业。尽管渔业生产呈指数增长，但孟加拉国的本地鱼类多样性正处于危险之中。孟加拉国拥有约 550km 长的海岸线、3.7 万 km^2 的孟加拉湾大陆架，在孟加拉湾漫长的沿海和海洋管辖范围内，拥有丰富的生物和非生物自然资源。沿海动物共有 453 种鸟类，42 种哺乳动物，35 种爬行动物和 8 种两栖动物，301 种软体动物和 50 多种商业上重要的甲壳类动物以及 76 种来自河口的鱼类。

水资源污染严重。一是达卡、吉大港、库尔纳等部分大城市和工业区受生活污水、工业污水、农药等影响，水资源污染严重，旱季时达卡周边水资源部分指标已低于生活用水标准；二是南部沿海地区海水倒灌严重；三是受地质影响，孟加拉国半数以上地区水资源砷含量超标，南部部分专区 80% 以上地区砷污染严重，另外部分地区铁、锰、硼、钡、铀含量超标。

2. 生态承载谐适策略

到 2030 年，孟加拉国的达卡—吉大港沿线将有 5 个县出现生态承载超载现象，是整体人口增长以及其他区域人口向这些区域流动而形成的区域性生态超载压力。如何缓解区域性生态超载压力，孟加拉国需要考虑如下几个方面：

需要提高农田的土地利用效率，选育耐旱、耐盐、高产品种，最大限度利用有限土地来解决日益增长的人口粮食需求。根据孟加拉三角洲计划，孟加拉国水稻研究所科学家已经研发出能种植在易受水淹平原的耐盐性水稻。需要恢复退化的农田，包括受干旱和洪水影响的农田。

未来应更多地注意保护与管理天然林，防止天然林退化。通过严格执法和参与式管理来增加森林覆盖率，保护生物多样性；优化薪柴、木材和竹子的消费，在吉大港山区将未分级国家森林里耕种的土地实行退耕，通过政策指令和奖励措施搬迁并重新安置相关人员；强化保护区管理，将林区相关人员纳入保护区管理体系，促进生态旅游活动。

定期监测不同水系的水质和污染，以达到生态系统的最低要求。以保护地管理为抓手，着重恢复生态多样性，同时增进对孟加拉国不同内陆水域物种多样性的了解。培育孟加拉湾蓝色经济，在可持续发展目标（SDG）下保护和可持续利用海洋。

6.5　本章小结

孟加拉国生态供给量总量为 $(9.57\pm0.44)\times10^{13}g\ C$，单位面积陆地生态系统生态供给水平为 $(720.75\pm33.27)\ g\ C/m^2$，约为丝路共建国家和地区单位面积生态系统供给平均水平的 1.86 倍。孟加拉国农田生态消耗在生态消耗中占主导地位，生态消耗呈现出"谷糖草木"模式时期（1961～1979 年）、"谷糖蔬草木"模式时期（1980～1994 年）、"谷糖蔬鱼草木"模式时期（1995～2013 年）三个明显的发展时期。随着经济水平、科技、贸易的不断提升，未来孟加拉国的消耗模式将会呈现更加多元的态势，对自然资源的利用与管理也会更加高效。

孟加拉国生态承载力上限量与适宜量分别为 2.26 亿人和 1.13 亿人；基于生态承载力上限量（维持生态平衡），孟加拉国生态承载力处于超载状态；基于生态承载力适宜量（生态保护性发展），生态承载力处于盈余状态。

2030 年孟加拉国的达卡、坦盖尔、迈门辛、吉大港、库米拉 5 个县将出现生态承载超载，孟加拉国西部和中东部 15 个县将出现临界超载。通过提升农业生产水平并减缓气候变化影响提高土地利用效率是孟加拉国提升生态承载力的关键。

参 考 文 献

封志明, 杨艳昭, 游珍. 2014. 中国人口分布的土地资源限制性和限制度研究. 地理研究, 33(8): 1395-1405.

封志明, 杨艳昭, 张晶. 2008. 中国基于人粮关系的土地资源承载力研究：从分县到全国. 自然资源学报, 23(5): 865-875.

杨艳昭, 封志明, 张超, 等. 2024. 绿色丝绸之路：土地资源承载力评价. 北京：科学出版社.

Liang Y H, Zhen L, Jia M M, et al. 2019. Consumption of ecosystem services in Laos. Journal of Resources and Ecology, 10(6): 641-648.

Zhang C S, Zhen L, Liu C L, et al. 2019. Research on the patterns and evolution of ecosystem service consumption in the "belt and road". Journal of Resources and Ecology, 10(6): 621-631.

第 7 章　资源环境承载力综合评价

本章以水土资源和生态环境承载力分类评价为基础，结合人居环境自然适宜性评价与社会经济发展适应性评价，提出"人居环境适宜性分区—资源环境限制性分类—社会经济适应性分等—承载能力警示性分级"的资源环境承载力综合评价思路与技术集成路线，构建具有平衡态意义的资源环境承载力综合评价的三维空间四面体模型；以公里格网为基础，系统评估区域资源环境承载力与承载状态，并在此基础上，提出增强资源环境承载力的适应策略与对策建议。基于以上思路和模型，以专区为基本研究单元，对孟加拉国的资源环境承载能力进行综合评价研究，定量揭示孟加拉国资源环境承载力的地域差异与变化特征。

7.1　引　　言

区域资源环境承载力是人地关系和谐和可持续发展的重要基础，也是自然地理综合研究的前沿及热点内容。资源环境承载力（resource and environmental carrying capacity，RECC）综合评价旨在量化讨论区域资源环境承载"上限"。资源环境承载力这一概念涵盖资源、环境、生态、灾害、社会、经济等多维度内涵，作为生态学、地理学、资源环境科学等学科的研究热点和理论前沿（樊杰等，2015），不仅是一个探讨"最大负荷"的具有人类极限意义的科学命题（封志明等，2017），更是一个极具实践价值的人口与资源环境协调发展的政策议题，甚至是一个涉及人与自然关系、关乎人类命运共同体的哲学问题（国家人口发展战略研究课题组，2007）。20 世纪末期以来，出于对资源耗竭和环境恶化的科学关注，资源环境承载力在区域规划、生态系统服务评估、全球环境现状与发展趋势以及可持续发展研究领域受到越来越多的重视（Assessment，2005；Imhoff et al.，2004；Running，2012）。近几十年来，资源环境承载力评价从分类到综合，已由关注单一资源，例如森林、海洋和矿产等的约束（竺可桢，1964；封志明，1990；谢高地等，2011）发展到人类对资源占有的综合评估。资源环境承载力综合研究兴起以来，为统一量纲，人们试图把不同物质折算成能量、货币或其他尺度（闵庆文等，2005；李泽红等，2013），以求横向对比与综合计量。资源环境承载力定量评价与综合计量是资源环境承载力研究由分类走向综合、由基础走向应用的关键环节。厘清资源环境承载力在不同维度的综合作用对于生态系统管理、环境保护和区域发展具有重要作用（吕一河等，2018）。

孟加拉国地处南亚次大陆，是一个地势平坦、河网发育、有超长海岸线的临海国家，全境约 80%的陆地由低地冲积平原组成，东南部和北部为丘陵地带，境内气温和降水变化受地形和季风影响，属于典型的热带季风气候。孟加拉国人口密度较高，自 1972 年成立以来，该国人口增长较快；至 2018 年，孟加拉国人口已达 1.61 亿人，是南亚的第三人口大国。此外，孟加拉社会经济发展水平存在严重的两极化趋势，西高东低态势明显，达卡专区社会经济发展水平远高于其他地区。当前，孟加拉国面临国际政治经济大格局和南亚次大陆地缘政治制约，同时面临全球气候变化、人口快速增长、水资源压力加剧、跨境水资源风险提高、空气和水的污染现象严重、自然灾害频发等影响，资源环境面临巨大威胁（Ahmed et al.，2015；马月，2018）。针对经济现代化造成的严重环境问题，自 1992 年以来，孟加拉国政府在资源环境方面制定了一系列政策，以期对不断恶化的区域资源环境状况、密集的人口数量和经济发展之间的关系进行改善（Viju，1995；WaRPO，2004）。2012 年的孟加拉国可持续发展国家报告中将经济、社会和环境作为可持续发展的三个重要支柱，以期通过统筹协调降低区域环境风险并改善经济现状。面向国家可持续发展战略需求，促进经济、社会和环境可持续性的能力建设，协调资源环境利用和社会经济发展关系是孟加拉国政府解决发展问题和进行国家能力建设的重要议题（MOEF，2012）。随着"一带一路"倡议的提出和实施，2013 年孟加拉国参与"一带一路"倡议，随后进行的共建"一带一路"国家绿色发展评估，成为实现区域经济绿色转型的重要方面，进一步为孟加拉国生态环境改善提供了有力支持（Cheng et al.，2020；Battamo et al.，2021；杨智等，2022）。科学量化和评估孟加拉国资源环境承载能力，成为实现千年发展目标、提高孟加拉国人地关系协调程度、促进区域可持续发展的现实需求。

7.2 孟加拉国资源环境承载能力定量评价与限制性分类

本节以水、土、生态为核心要素，在水土资源承载力和生态环境承载力分类评价与限制性分类的基础上，从分类到综合，从全国到专区，定量评估了孟加拉国的资源环境承载力，开展了有关空间格局的监测和分析，明确了孟加拉国资源环境承载状态的适宜性分区和限制性分类，为孟加拉国及其不同专区的资源环境承载力综合评价与警示性分级提供了量化支持。

7.2.1 全国水平

1. 孟加拉国资源环境承载力在 1.49 亿人水平，近 1/2 集中在吉大港和达卡地区

孟加拉国资源环境承载力研究表明，2015 年孟加拉国资源环境承载力在 1.49 亿人水平。其中，孟加拉国生态承载力为 9779 万人，基于现实供水条件的水资源承载力为 2.3 亿人，基于热量平衡的土地资源承载力为 1.19 亿人，生态环境的破坏和耕地的减少是孟

加拉国资源环境承载力的主要限制因素。

孟加拉国近 1/2 的资源环境承载力集中在占地约 4/9 的吉大港和达卡地区，吉大港和达卡两地的资源环境承载力分别为 4143.71 万人和 3001.10 万人，占全国的 48.03%，占地 44.33%，是孟加拉国资源环境承载力主要潜力地区（表 7-1）。

表 7-1　孟加拉国 2015 年专区资源环境承载力统计表

专区	资源环境承载力/万人	生态承载力/万人	水资源承载力/万人	土地资源承载力/万人
吉大港	4143.71	2541.25	9148.94	1347.93
达卡	3001.10	2072.52	3946.41	2689.74
朗普尔	2072.33	1188.18	2555.00	2270.10
拉杰沙希	1892.70	1226.45	1496.79	2612.02
库尔纳	1734.45	1361.31	2156.89	1643.35
锡莱特	1186.99	709.13	2287.43	679.84
博里萨尔	844.73	679.84	1382.43	632.48
总计	14876.01	9778.69	22973.88	11875.46

2. 孟加拉国资源环境承载密度均值在 1002 人/km²，东南和西北丘陵地区普遍高于中部平原和西南部地区

孟加拉国资源环境承载力研究表明，2015 年孟加拉国资源环境承载密度均值是 1002 人/km²，0.95 倍于现实人口密度 1052 人/km²。其中，水资源承载密度均值是 1547 人/km²，高于现实人口密度，土地资源承载密度均值是 799 人/km²，生态承载密度均值是 658 人/km²，与现实人口相比，土地资源和生态环境承载力均具有一定程度的地域约束性。

孟加拉国资源环境承载密度介于 788～1269 人/km²，东南和西北丘陵地区普遍高于中部平原和西南部地区。地处东南丘陵地区的吉大港和地处西北丘陵地区的朗普尔资源环境承载力较强，资源环境承载密度介于 1174～1269 人/km²；而地处恒河三角洲平原海拔低于 20m 的达卡、库尔纳、锡莱特、博里萨尔和拉杰沙希等地区资源环境承载密度介于 788～1002 人/km²，地域差异较为显著。

7.2.2　专区尺度

基于孟加拉国专区尺度的资源环境承载力评价表明，孟加拉国专区资源环境承载密度介于 788.90～1269.60 人/km²，密度均值为 1002 人/km²。其中，2 个专区高于全国平均水平，分别是吉大港为 1269.60 人/km²，朗普尔为 1174.58 人/km²；5 个专区低于全国平均水平，最低库尔纳为 788.90 人/km²；从地域分异看，孟加拉国东南和西北丘陵地区资源环境承载力普遍高于中部和西南部平原地区，各专区资源环境承载力地域差异显著。

据此，以孟加拉国专区资源环境承载密度均值 1002 人/km² 为参考指标，确定资源

环境承载能力 851～1152 人/km² 为中等水平，将孟加拉国 7 个专区按照资源环境承载密度相对高低，分为较强、中等、较弱三类地区（图 7-1 和图 7-2），分别以 H、M 和 L 表示。从专区总体情况看，孟加拉国专区资源环境承载力总体处于中等水平，基本可以反映出孟加拉国资源环境承载力处于平衡的临界状态。

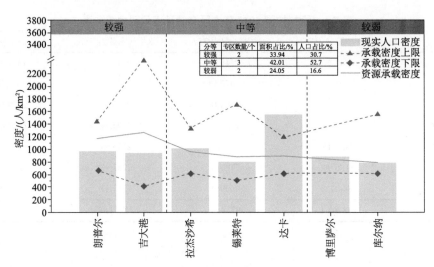

图 7-1　基于专区尺度的资源环境承载力分级

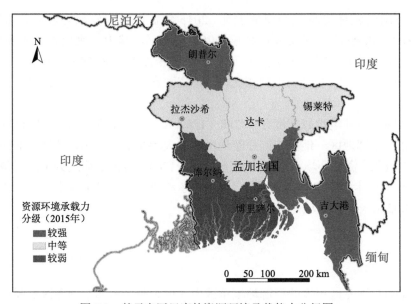

图 7-2　基于专区尺度的资源环境承载能力分级图

1. 资源环境承载能力较强的专区有 2 个，主要受到生态环境承载力影响

孟加拉国资源环境承载能力较强的 2 个专区是吉大港和朗普尔，资源环境承载密度介于 1174.58～1269.60 人/km²，远高于全国平均水平；占地 5.01 万 km²，占比 33.94%；

相应人口 3975 万人，占比 30.68%；主要受到土地资源承载力不足的影响。根据资源环境限制性，各专区被划分的限制类型如下所示（表 7-2 和图 7-3）。

表 7-2　孟加拉国资源环境承载能力较强专区限制性分析

限制型	专区	资源环境承载密度 /（人/km²）	分项承载密度/（人/km²）			现实人口密度 /（人/km²）
			生态	水资源	土地资源	
H_E	朗普尔	1174.58	673.45	1448.15	1286.67	972.00
H_{LE}	吉大港	1269.60	778.62	2803.15	412.99	943.17

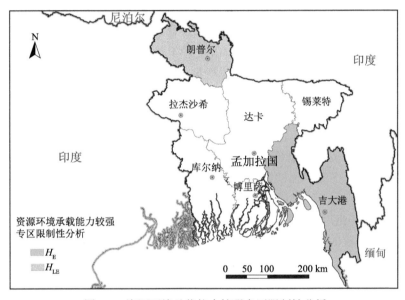

图 7-3　资源环境承载能力较强专区限制性分析

（1）H_E，生态环境限制。朗普尔专区，2015 年资源环境承载能力为 2072.33 万人，占全国总量的 13.93%，承载密度为 1174.58 人/km²，是全国平均水平的 1.17 倍，资源环境承载能力相对较强。朗普尔地处孟加拉国西北部，位于布拉马普特拉河下游的贾木纳河流域，北邻喜马拉雅山脉，西接恒河平原，朗普尔专区地势北高南低，北部为丘陵、南部为平原，土地面积为 1.62 万 km²，耕地是主要土地利用类型。从各专区土地资源承载密度计算结果分析得到，朗普尔专区地理位置优越、水资源丰富、土地生产力高，水土承载空间绝对充裕，承载密度分别为 1448.15 人/km² 和 1286.67 人/km²，人地关系和谐；生态承载力相对较弱，承载密度为 673.45 人/km²；相对现实人口密度 972 人/km²，朗普尔的生态环境构成限制性条件。

（2）H_{LE}，土地资源和生态环境限制。吉大港专区，2015 年资源环境承载力为 4143.71 万人，占全国总量的 27.86%，承载密度为 1269.60 人/km²，比全国平均水平高 26.70%，资源环境承载能力位居第一。吉大港专区地处孟加拉国东南部、戈尔诺普利河右岸，整个专区蔓延在周边的丘陵地带上，境内水资源丰富，土地面积为 3.39 万 km²，森林是吉大港的主要土地利用类型,占孟加拉国森林总面积约 1/2。吉大港专区内降雨丰富(多年平均降水为 2830.1mm),水资源承载能力绝对充裕,承载密度达到 2803.15 人/km²;土地和生态资源承载能力与前者对比悬殊,处于绝对亏缺水平,承载密度分别为 412.99 人/km² 和 778.62 人/km²,相对现实人口密度 943.17 人/km²,吉大港水资源承载空间富余,土地和生态资源承载空间有限。

2. 资源环境承载力中等的专区有 3 个,不同程度受到生态环境、水资源和土地资源承载力限制

孟加拉国资源环境承载力中等的 3 个专区是拉杰沙希、锡莱特和达卡,资源环境承载密度介于 889.89~965.90 人/km²,接近全国平均水平;占地 6.2 万 km²,占比 42.01%;相应人口 8233 万人,占比 52.69%,集中分布在孟加拉国中部地区,不同程度地受到水资源、土地资源和生态环境承载力限制。根据资源环境限制性,这些专区可以分为以下 3 种主要限制类型(表 7-3 和图 7-4)。

(1)M_{EW},水资源和生态环境限制:拉杰沙希专区,2015 年资源环境承载力为 1892.70 万人,占全国总量的 12.72%,资源环境承载密度为 965.90 人/km²,接近全国平均水平,资源环境承载能力中等。拉吉沙希专区位于孟加拉国西北部、恒河北岸、贾木纳河西岸,区内地势平缓、土地面积为 1.82 万 km²,土地利用主要类型为耕地,占全国耕地总面积约 1/6。由于优越的地理环境和良好的土地生产力,拉杰沙希专区土地承载空间绝对充裕,承载密度达到 1333 人/km²,人地关系和缓;相对土地资源承载力,水资源和生态承载空间较低,承载密度仅为 763.86 人/km² 和 625.90 人/km²;该地区的年降水量全国最少,水资源量仅为全国水资源量的 7.13%,相对集聚的现实人口密度 1023.61 人/km²,水资源和生态环境成为该地区资源环境承载力提高的主要限制性因素。

(2)M_{LE},土地资源和生态环境限制:锡莱特专区,2015 年资源环境承载力为 1186.99 万人,占全国总量的 7.98%,资源环境承载密度为 889.89 人/km²,低于全国平均水平。锡莱特专区地处孟加拉国东北部,位于苏尔马河谷地旁,由于年降水量全国最多(多年平均降水高达 3196.3mm),水资源承载力绝对充裕,承载密度达到 1714.88 人/km²,境内涵盖多元地貌,中部为平缓的低地、周边有地势较高的贾因蒂亚、卡西、特里普拉等丘陵;相较而言,生态承载力和土地资源承载力限制性较强,承载密度分别为 531.64 人/km² 和 509.67 人/km²,相对于现实人口密度 806.45 人/km²,处于绝对亏缺水平。

(3)M_{LEW},水资源、土地资源和生态环境限制:达卡专区,2015 年资源环境承载力为 3001.10 万人,占全国总量的 20.17%,资源环境承载密度为 904.49 人/km²,低于全国平均水平,资源环境承载能力中等。达卡专区地处孟加拉国中部,位于恒河三角洲布里甘加河北岸,河流众多、降水季节差异小、水资源较为丰富,水资源承载密度为 1189.39 人/km²;境内地势平坦,耕地资源占全国耕地总面积约 1/4,承载密度为 810.65 人/km²;此外,由于特殊的地理位置、低纬度三角洲地形特点,多种自然因子相互作用,导致该地区自然灾害多发,生态承载空间不足,承载密度仅为 624.63 人/km²,面对高度集聚的人口(人口密度达 1552.73 人/km²),达卡专区的资源环境承载空间始终处于紧张的状态,

水资源、土地资源和生态环境均受到一定限制。

表 7-3　孟加拉国资源环境承载力中等专区限制性分析

限制型	专区	资源环境承载密度 /（人/km²）	分项承载密度/（人/km²）			现实人口密度 /（人/km²）
			生态	水资源	土地资源	
M_{EW}	拉杰沙希	965.90	625.90	763.86	1333.00	1023.61
M_{LE}	锡莱特	889.89	531.64	1714.88	509.67	806.45
M_{LEW}	达卡	904.49	624.63	1189.39	810.65	1552.73

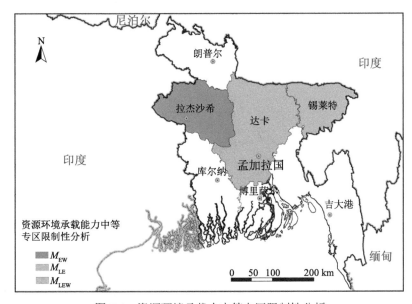

图 7-4　资源环境承载力中等专区限制性分析

3. 资源环境承载力较弱的专区有 2 个，主要受到土地资源和生态环境承载力严重限制

资源环境承载力较弱的 2 个专区是博里萨尔和库尔纳，资源承载密度介于 788.90～838.07 人/km²，低于全国平均水平；占地 3.55 万 km²，占比 24.05%；相应人口 2807 万人，占比 16.63%；大片分布在南部地区，受到土地资源和生态环境的严重限制。根据资源环境限制性划分的限制类型如下所示（表 7-4 和图 7-5）。

L_{LE}，土地资源和生态环境限制：博里萨尔专区，2015 年资源环境承载能力为 844.73 万人，占全国总量的 5.68%，资源环境承载密度为 838.07 人/km²，低于全国平均水平，资源环境承载力较弱。博里萨尔专区地处孟加拉国南部，位于河口三角洲北部，境内河流众多、地势平缓、土地面积为 1.32 万 km²，以森林和耕地为主要土地利用类型，水资源承载能力尚可，承载密度为 1371.54 人/km²，土地资源和生态承载力处于较低水平，承载密度分别为 627.50 人/km² 和 674.49 人/km²，因此人地关系紧张，相对较聚集的现实人口密度，土地资源和生态环境限制性突出。

L_{LE}，土地资源和生态环境限制：库尔纳专区，2015 年资源环境承载力为 1734.45 万人，占全国总量的 11.66%，资源环境承载密度为 788.90 人/km²，低于全国平均水平，资源环境承载力最弱。库尔纳专区位于孟加拉国西南部，是恒河三角洲及孟加拉国三角洲的交汇处，地势平坦、河流纵横、南部以大面积的森林和部分河流为主、北部以耕地为主，森林约占全国的 1/6、耕地约占全国的 1/7、土地面积为 2.23 万 km²。库尔纳专区内水资源承载空间尚可，承载密度为 981.05 人/km²；土地资源和生态环境承载力基本相当，承载密度分别为 747.47 人/km² 和 619.18 人/km²，相对现实人口密度 774.34 人/km²，土地资源和生态环境承载力均受限。

表 7-4   孟加拉国资源环境承载能力较弱专区限制性分析

限制型	专区	资源环境承载密度 / (人/km²)	分项承载密度 / (人/km²)			现实人口密度 / (人/km²)
			生态	水资源	土地资源	
L_{LE}	博里萨尔	838.07	674.49	1371.54	627.50	889.47
	库尔纳	788.90	619.18	981.05	747.47	774.34

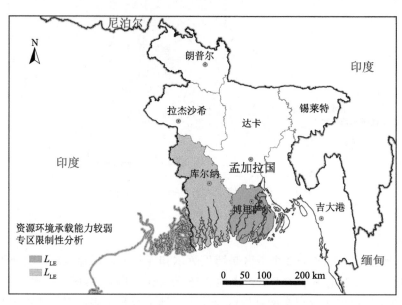

图 7-5   资源环境承载力较弱专区限制性分析

7.3   孟加拉国资源环境承载能力综合评价与警示性分级

本节在资源环境承载力分类评价与限制性分类的基础上，结合人居环境自然适宜性评价与适宜性分区和社会经济发展适应性评价与适应性分等，建立了基于人居环境适宜指数（HSI）、资源环境限制指数（REI）和社会经济适应指数（SDI）的资源环境承载指数（PREDI）模型；基于资源环境承载指数（PREDI）模型，以专区为基本研究单元，从全国和专区两个不同尺度,完成了孟加拉国资源环境承载能力综合评价与警示性分级，揭示了孟加拉国不同地区的资源环境承载状态及其超载风险。

7.3.1　全国水平

1. 孟加拉国资源环境承载力总体平衡,近68%的人口分布在占地62%的资源环境承载能力平衡或盈余地区

基于资源环境承载指数（PREDI）的资源环境承载能力综合评价表明：孟加拉国各专区 2015 年资源环境承载指数介于 0.62～1.43，全国均值在 1.23 水平，资源环境承载能力总体处于盈余状态。其中，资源环境承载力处于盈余状态的地区占地 3.12 万 km²，占比 21.14%，相应人口 5151 万人，占比 32.97%；处于平衡状态的地区占地 5.67 万 km²，占比 38.41%，相应人口 5423 万人，占比 34.71%；处于超载状态的地区占地 5.97 万 km²，占比 40.45%，相应人口 5050 万人，占比 32.32%；全国近 68% 的人口分布在占地近 62% 的资源环境承载力平衡或盈余地区。

2. 孟加拉国资源环境承载状态西部和北部普遍优于东部和南部，区域人口与资源环境社会经济关系有待协调

孟加拉国 2015 年资源环境承载力处于盈余状态的区域主要分布在孟加拉国中部的恒河三角洲一带；处于平衡状态的地区主要分布于孟加拉国西北部的贾木纳河流域、恒河三角洲西南部的大部分地区；处于超载状态的地区主要分布在孟加拉国东南部的丘陵地带、东北部的丘陵地区和南部的博里萨尔等地。全国尚有超过 3 成人口分布在资源环境超载地区，主要集中在吉大港、锡莱特及博里萨尔等地，区域人口与资源环境社会经济关系有待协调。

7.3.2　专区尺度

从专区格局看，孟加拉国的资源环境承载力整体趋于平衡。根据资源环境承载能力警示性分级标准，将孟加拉国 7 个专区按照资源环境承载指数（PREDI）高低，分为盈余、平衡和超载三类地区（图 7-6、图 7-7 和表 7-5），并进一步讨论了区域资源环境承载力的限制属性类型。其中，Ⅰ、Ⅱ、Ⅲ 分别代表盈余、平衡、超载三个警示性分级；E 代表人居环境限制性、R 代表资源环境限制性、D 代表社会经济限制性，也可以联合表达双重性或三重性，诸如 $Ⅱ_{ED}$、$Ⅲ_{ERD}$ 等。

统计表明，孟加拉国现有 1 个专区的资源环境承载指数高于 1.15，资源环境承载力处于盈余状态，为位于孟加拉国中部的达卡专区；有 3 个专区的资源环境承载指数介于 0.85～1.15，资源环境承载力处于平衡状态，主要位于孟加拉国西部地区；有 3 个专区的资源环境承载指数低于 0.85，资源环境承载力处于超载状态，主要分布在孟加拉国东部和南部地区。从地域类型看，孟加拉国专区 57.14%的资源环境承载力平衡或盈余，超载约为 42.86%；从地域分布看，西部和北部大部分地区的资源环境承载力普遍优于东部和南部地区。

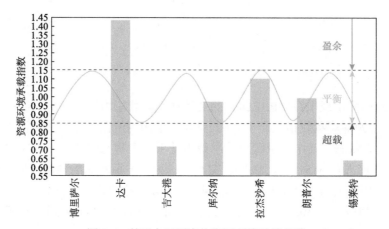

图 7-6　基于专区尺度的资源环境承载指数

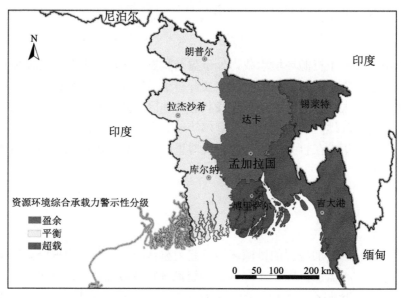

图 7-7　基于专区尺度的资源环境承载力警示性分级

表 7-5　孟加拉国专区资源环境承载力警示性分级统计表

分类	PREDI	HSI	SDI	REI	土地		人口		
					面积/万 km²	占比/%	数量/万人	占比/%	密度/（人/km²）
盈余地区（Ⅰ）	I$_R$	1.43	1.05	1.60	0.85	3.12	21.14	5151.97	32.97	1552.73

续表

分类		PREDI	HSI	SDI	REI	土地		人口		
						面积/万 km²	占比/%	数量/万人	占比/%	密度/（人/km²）
平衡地区（Ⅱ）	Ⅱ$_R$	1.10	1.05	1.07	0.98	1.82	12.33	2005.76	12.84	1023.61
	Ⅱ$_{ED}$	0.99	0.98	0.95	1.06	1.62	10.97	1714.92	10.98	972.00
	Ⅱ$_D$	0.97	1.02	0.93	1.03	2.23	15.11	1702.44	10.90	774.34
超载地区（Ⅲ）	Ⅲ$_{ED}$	0.71	0.91	0.76	1.03	3.39	22.97	3078.31	19.70	943.17
	Ⅲ$_D$	0.64	1.01	0.61	1.04	1.26	8.54	1075.70	6.88	806.45
	Ⅲ$_{RD}$	0.62	1.02	0.61	1.00	1.32	8.94	896.53	5.74	889.47

注：表中 E、R、D 分别为人居环境限制型、资源环境限制型、社会发展限制型。

（1）资源环境承载力盈余地区为孟加拉国中部的达卡专区，较好的人居环境适宜性和社会经济适应性较大程度上提升了区域资源环境承载力。达卡资源环境承载指数为 1.43，占地 3.12 万 km²，占比 21.14%；相应人口 5151.97 万人，占比 32.97%；人口密度为 1552.73 人/km²，远高于资源环境承载密度 904.49 人/km²；分布在孟加拉国中部，具有较好的人居环境适宜性和社会经济适应性，但区域发展受资源环境限制性较强。根据人居环境适宜性、资源环境限制性和社会经济适应性的地域差异，该资源环境承载力盈余的专区可以划分为如下限制性类型（图 7-8 和表 7-6）。

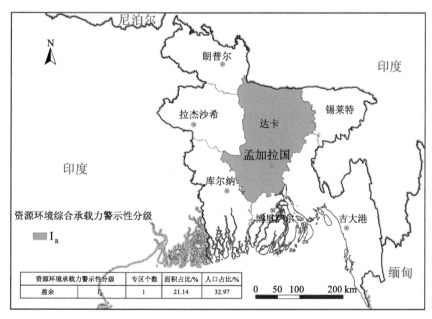

图 7-8　基于专区尺度的资源环境承载力盈余地区警示性分级

表 7-6 孟加拉国资源环境承载力盈余地区限制性因素分析

状态	专区	土地		人口			PREDI	HSI	SDI	REI
		面积 /万 km²	占比 /%	数量 /万人	占比 /%	人口密度 /（人/km²）				
I$_R$	达卡	3.12	21.14	5151.97	32.97	1552.73	1.43	1.05	1.60	0.85

I$_R$，资源环境限制型：受资源环境限制的为达卡专区，资源环境承载指数为 1.43，资源环境承载力总体处于盈余状态。其中，资源环境承载力盈余地区占地 66.25%，相应人口占比 49.46%；平衡地区占地 23.43%，相应人口占比 15.27%；超载地区占地 10.32%，相应人口占比 35.27%；全区 60% 以上的人口分布在资源环境承载力盈余或平衡的地区，人口与资源环境社会经济关系有待协调。达卡专区地处恒河三角洲布里甘加河北岸，海拔低，农田广布，人体感觉较为舒适，境内绝大部分地区的人居环境比较适宜，少量临界适宜地区呈带状分布在恒河及其入海口。达卡是孟加拉国首都和第一大城市，同时也是全国政治、经济、文化中心，凭借优越的地理条件和良好的人居适宜性，达卡已成为孟加拉国的经济增长引擎，贡献了国内生产总值（GDP）的 1/5 左右，创造全国近一半的正式就业机会，经济发展极为迅速。良好的发展带来了极为密集的人口，受到人口集聚的影响，该地区资源环境限制性较强，但适宜的人居环境和较高的社会经济发展水平，在很大程度上改善了区域资源环境综合承载力。

（2）资源环境承载力平衡的专区有 3 个，集中在孟加拉国西部地区，人口与资源环境社会经济关系有待协调。孟加拉国资源环境承载力平衡的 3 个专区，资源环境承载指数介于 0.97～1.10 之间，占地 5.67 万 km²，占比 38.41%；相应人口 5423.12 万人，占比 34.72%；平均人口密度为 916.07 人/km²，低于平均资源环境承载密度 976.46 人/km²；集中在西北及西南大部分地区，具有一定的资源环境发展空间，人口与资源环境社会经济关系有待协调。根据人居环境适宜性、资源环境限制性和社会经济适应性的地域差异，孟加拉国 3 个资源环境承载能力平衡的专区可以划分为以下 3 种主要限制类型（图 7-9 和表 7-7）。

a. II$_R$，资源环境限制型：受资源环境限制的为拉杰沙希专区，资源环境承载指数为 1.10，资源环境承载力总体处于平衡状态。其中，资源环境承载力盈余地区占地 70.26%，相应人口占比 65.67%；平衡地区占地 20.69%，相应人口占比 18.10%；超载地区占地 9.05 %，相应人口占比 16.23%；全专区 80% 以上的人口分布在资源环境承载力盈余或平衡的地区，人口与资源环境社会经济关系有待协调。拉杰沙希专区位于孟加拉国西北部，区域内地形平缓，农田面积较大，基本上不受气候和地被条件制约，人居环境适宜性较好，但专区内水资源和生态环境承载力较低，资源环境限制性较强。较高的人居环境适宜性和较好的社会经济发展水平在一定程度上提高了区域资源环境承载力，但人口相对聚集带来的资源环境限制性尚有协调空间。

b. II$_D$，社会经济限制型：受社会经济发展限制的为库尔纳专区，资源环境承载指数为 0.97，资源环境承载力总体处于平衡状态。其中，资源环境承载能力盈余地区占地 49.40%，相应人口占比 56.87%；平衡地区占地 25.30 %，相应人口占比 20.71%；超载地区占地 25.30%，相应人口占比 22.42%；全专区 75% 以上的人口分布在资源环境承载力盈余或平衡的地区，人口与资源环境社会经济关系有待协调。库尔纳专区地处孟加拉国南部，属于恒河三角洲的一部分；专区内河流众多、地势平缓，森林、河流、耕地并存，全区内人居环境适宜性普遍较高，资源环境禀赋较强，但交通较为不便，社会经济发展适应性较低，阻碍了区域资源环境承载力提升。

c. II_{ED}，人居环境与社会经济限制型：受人居环境与社会经济发展限制的为朗普尔专区，资源环境承载指数为 0.99，资源环境承载力总体处于平衡状态。其中，资源环境承载力盈余地区占地 81.52%，相应人口占比 78.46%；平衡地区占地 13.74%，相应人口占比 13.39%；超载地区占地 4.74%，相应人口占比 8.15%；全专区 90%以上的人口分布在资源环境承载力盈余或平衡的地区，人口与资源环境社会经济关系基本协调。朗普尔专区位于布拉马普特拉河下游的贾木纳河流域，地势北高南低，北部为少量丘陵，南部为富庶的平原，耕地和水体富足，资源环境禀赋相对较好，但由于受到北部较高的地形和贾木纳河上游的冲击影响，部分地区的人居环境适宜性一般，限制了区域资源环境承载力的发挥，社会经济发展亦受到交通通达水平与城市化水平双重限制。

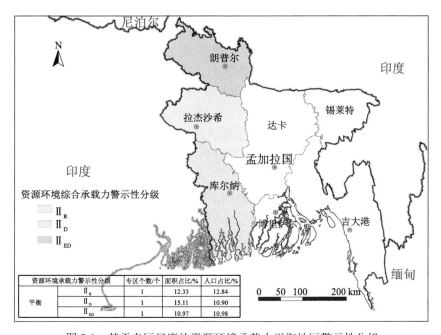

图 7-9　基于专区尺度的资源环境承载力平衡地区警示性分级

表 7-7　孟加拉国资源环境承载能力平衡地区限制性因素分析

状态	专区	土地		人口			PREDI	HSI	SDI	REI
		面积 /万 km²	占比 /%	数量 /万人	占比 /%	人口密度 /（人/km²）				
II_R	拉杰沙希	1.82	12.33	2005.76	12.84	1023.61	1.10	1.05	1.07	0.98
II_D	库尔纳	2.23	15.11	1702.44	10.90	774.34	0.97	1.02	0.93	1.03
II_{ED}	朗普尔	1.62	10.97	1714.92	10.98	972.00	0.99	0.98	0.95	1.06
	小计	5.67	38.41	5423.12	34.72	916.07	1.02	1.02	0.98	1.02

（3）资源环境承载力超载的专区有 3 个，集中分布在孟加拉国东部地区，人口与资源环境社会经济关系有待协调。资源环境承载指数介于 0.62～0.71，占地 5.97 万 km²，占比 40.45%；相应人口 5050.54 万人，占比 32.32%；平均人口密度为 900.98 人/km²，低于资源环境承载密度 999.19 人/km²；集中分布在东南和东北地区，人口与资源环境社会经济关系有待协调。根据人居环境适宜性、资源环境限制性和社会经济适应性的地域差异，孟加拉国 3 个资源环境承载能力超载的专区可以划分为 3 种主要限制性类型（图 7-10、表 7-8 和表 7-9）。

a. III$_{ED}$，人居环境与社会经济限制型：受人居环境与社会经济发展双重限制的为吉大港专区，资源环境承载指数为 0.71，资源环境承载力总体处于超载状态。其中，资源环境承载力盈余地区占地 30.89%，相应人口占比 40.67%；平衡地区占地 34.82%，相应人口占比 33.16%：超载地区占地 34.29%，相应人口占比 26.17%；全区 70% 以上的人口分布在资源环境承载力盈余或平衡的地区，人口与资源环境社会经济关系有待协调。在地理环境的影响下，吉大港北部的平原地区人居环境适宜性较好，东南部丘陵地区人居环境适宜性一般，位于西南沿海的零星岛屿人居环境较不适宜；社会经济发展水平有限，较低的社会经济发展水平与临界适宜的人居环境限制了区域的资源环境承载力。

b. III$_D$，社会经济限制型：受社会经济发展限制的为锡莱特专区，资源环境承载指数为 0.64，资源环境承载能力总体处于超载状态。其中，资源环境承载能力盈余地区占地 56.88%，相应人口占比 61.40%；平衡地区占地 31.25%，相应人口占比 23.82%：超载地区占地 11.87%，相应人口占比 14.78%；全专区 85% 以上的人口分布在资源环境承载力盈余或平衡的地区，人口与资源环境社会经济关系有待协调。锡莱特专区地处孟加拉国东北部，大部分地区为平缓的低地,农田占比较大，资源环境限制性较低，基本上不受气候、水文和地被条件制约，但在与达卡专区交界处的冲积平原地区，由于受到地被和水文条件制约，人居环境临界适宜，部分限制了区域资源环境承载力的发挥。锡莱特专区社会经济发展水平滞后，严重滞后的社会经济发展水平限制了锡莱特专区的资源环境承载力及其提升。

c. III$_{RD}$，资源环境与社会经济限制型：受资源环境与社会经济发展限制的为博里萨尔专区，资源环境承载指数为 0.62，资源环境承载力总体处于超载状态。其中，资源环境承载力盈余地区占地 32.50%，相应人口占比 37.49%；平衡地区占地 52.50%，相应人口占比 38.96%：超载地区占地 15.00%，相应人口占比 23.55%；全专区 75% 以上的人口分布在资源环境承载力盈余或平衡的地区，人口与资源环境社会经济关系有待协调。博里萨尔专区地处孟加拉国南部，河口三角洲北部，地势平坦、河流众多，普遍具有良好的人居环境适宜性。专区内水资源承载空间富余，但土地和生态资源较为匮乏，资源环境具有一定的限制性，同时，由于区域内交通不便，社会经济发展水平较低，较低的社会经济发展水平与较强的资源环境限制性阻碍了专区资源环境承载力的提高。

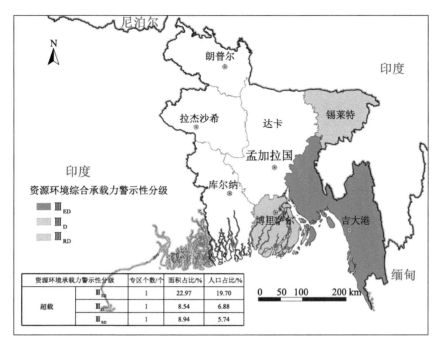

图 7-10　基于专区尺度的资源环境承载力超载地区警示性分级

表 7-8　孟加拉国资源环境承载力超载地区限制性因素分析

状态	专区	土地		人口			PREDI	HSI	SDI	REI
		面积/万km²	占比/%	数量/万人	占比/%	人口密度/（人/km²）				
III$_{ED}$	吉大港	3.39	22.97	3078.31	19.70	943.17	0.71	0.91	0.76	1.03
III$_D$	锡莱特	1.26	8.54	1075.70	6.88	806.45	0.64	1.01	0.61	1.04
III$_{RD}$	博里萨尔	1.32	8.94	896.53	5.74	889.47	0.62	1.02	0.61	1.00
	小计	5.97	40.45	5050.54	32.32	900.98	0.66	0.98	0.66	1.02

表 7-9　孟加拉国各专区资源环境综合承载状态统计表（2015 年）

地区	PREDI	状态	土地		人口		
			面积/km²	占比/%	数量/万人	占比/%	密度/（人/km²）
达卡	1.43	盈余	20655.20	66.25	2548.17	49.46	1159.22
		平衡	7304.93	23.43	786.71	15.27	1011.96
		超载	3217.53	10.32	1816.59	35.27	5300.04
拉杰沙希	1.1	盈余	12754.36	70.26	1317.19	65.67	956.74
		平衡	3755.87	20.69	363.04	18.10	895.47
		超载	1642.85	9.05	325.54	16.23	1835.71
朗普尔	0.99	盈余	13194.00	81.52	1345.52	78.46	935.51
		平衡	2223.82	13.74	229.63	13.39	947.24
		超载	767.17	4.74	139.77	8.15	1671.26

续表

地区	PREDI	状态	土地		人口		
			面积/km²	占比/%	数量/万人	占比/%	密度/（人/km²）
库尔纳	0.97	盈余	11008.40	49.40	968.18	56.87	891.26
		平衡	5637.91	25.30	352.58	20.71	633.86
		超载	5637.91	25.30	381.69	22.42	686.20
吉大港	0.71	盈余	10474.35	30.89	1251.95	40.67	1241.78
		平衡	11806.96	34.82	1020.77	33.16	898.20
		超载	11627.24	34.29	805.59	26.17	719.82
锡莱特	0.64	盈余	7186.91	56.88	660.48	61.40	870.53
		平衡	3948.51	31.25	256.23	23.82	614.71
		超载	1499.80	11.87	158.99	14.78	1003.31
博里萨尔	0.62	盈余	4298.19	32.50	336.11	37.49	1026.03
		平衡	6943.23	52.50	349.29	38.96	660.07
		超载	1983.78	15.00	211.13	23.55	1396.46

7.4 本 章 小 结

7.4.1 基本结论

孟加拉国资源环境承载力综合评价研究，遵循"适宜性分区—限制性分类—适应性分等—警示性分级"的技术路线，从全国到专区，定量评估了孟加拉国资源环境承载力，完成了孟加拉国资源环境承载力综合评价与警示性分级，揭示了孟加拉国不同地区的资源环境承载状态及其超载风险，为促进人口与资源环境社会经济协调发展提供了科学依据和决策支持。基本结论如下。

1. 孟加拉国资源环境承载力总量尚可，维持在 1.49 亿人水平，近 1/2 集中在吉大港和达卡地区

考虑水资源、土地资源和生态资源可利用性，2015 年孟加拉国资源环境承载力在 1.49 亿人水平。其中，生态承载力为 9779 万人，基于现实供水条件的水资源承载力为 2.3 亿人，基于热量平衡的土地资源承载力为 1.19 亿人，生态环境的破坏是孟加拉国资源环境承载力的主要限制因素。统计表明，孟加拉国近 1/2 的资源环境承载力集中在占地约 4/9 的吉大港和达卡地区，吉大港和达卡两地的资源环境承载力分别为 4143.71 万人和 3001.10 万人，占全国的 48.03%，占地 44.33%，是孟加拉国资源环境承载力主要潜力地区。

2. 孟加拉国资源环境承载力相对较强，密度均值为 1002 人/km²，东南和西北丘陵地区普遍高于中部和西南平原地区

孟加拉国国土面积 14.76 万 km²，良好的资源环境承载力广布在有限的地域空间，资源环境承载密度较强，平均为 1002 人/km²，资源环境承载能力相对较强。孟加拉国资源环境承载力地域差异显著，东南和西北丘陵地区普遍高于中部和西南平原地区。地处东南丘陵的吉大港地区和西北丘陵的朗普尔地区资源环境承载力较强，资源环境承载密度介于 1174～1269 人/km²，高于全国平均水平；位于中部的拉杰沙希、锡莱特和达卡地区的资源环境承载力中等，资源环境承载密度介于 889.89～965.90 人/km²，接近全国平均水平；位于恒河三角洲的库尔纳和博里萨尔地区的资源环境承载力较低，资源环境承载密度介于 788.90～838.07 人/km²，远低于全国平均水平。

3. 孟加拉国资源环境承载力以平衡为主要特征，西部和北部普遍优于东部和南部地区，人口与资源环境社会经济关系有待协调

孟加拉国资源环境承载指数介于 0.62～1.43，均值在 1.23 水平，资源环境承载力总体处于平衡状态。孟加拉国资源环境承载力综合评价与警示性分级表明，盈余的 1 个专区主要分布在中部平原；平衡的 3 个专区主要分布于孟加拉国西北和西南大部分地区，超载的 3 个专区主要分布在孟加拉国东北和东南大部分地区。孟加拉国资源环境承载状态西北地区普遍优于东南地区，全国尚有近 1/3 人口分布在占地约 3/8 的资源环境超载地区，人口与资源环境社会经济关系有待协调。

7.4.2　对策建议

基于孟加拉国资源环境承载力定量评价与限制性分类和综合评价与警示性分级的基本认识和主要结论，研究提出了进一步促进孟加拉国人口与资源环境社会经济协调发展、人口分布与资源环境承载能力相适应的适宜策略和对策建议。

（1）统筹谋划、协同推进，因地制宜、分类施策，坚持生态保护和高质量发展相结合的原则，进一步促进区域人口与资源环境社会经济协调发展。孟加拉国资源环境承载力总体处于平衡状态，部分区域相对滞后的社会经济发展水平、有限的资源或不适宜的人居环境阻碍了孟加拉国的资源环境承载力的提升。研究表明，所有专区的资源环境承载力或多或少受到人居环境适宜性、资源环境限制性和社会经济适应性不同因素的影响（表 7-10）。其中，受到人居环境适宜性、资源环境限制性和社会经济适应性等单因素影响的有 4 个专区、双因素影响的有 3 个专区；受到人居环境适宜性影响的有 2 个专区，受到资源环境限制性影响的有 3 个专区，受到社会经济适应性限制的有 5 个专区。由此可见，孟加拉国不同专区的资源环境承载力地域差异显著，人居环境适宜性、资源环境限制性和社会经济适应性各不相同，需要统筹谋划、协同推进，因地制宜、分类施策，促进人口与资源环境社会经济协调发展。

表 7-10　孟加拉国专区资源环境承载力限制因素分析

	限制因素类型	个数	专区名称
单因素	资源环境限制性	2	达卡、拉杰沙希
	社会经济适应性	2	朗普尔、锡莱特
双因素	人居环境适宜性-社会经济适应性	2	库尔纳、吉大港
	资源环境限制性-社会经济适应性	1	博里萨尔

（2）着力解决区域生态环境限制性问题，进一步提高孟加拉国不同地区的资源环境承载力。孟加拉国资源环境承载力总量较强，承载密度较高。水资源承载力相对较高，土地资源和生态环境承载力相对不足，不断恶化的生态环境和减少的耕地是孟加拉国资源环境承载力提升的主要限制因素。研究表明，7 个专区的资源环境承载力或多或少地受到水资源、土地资源或生态环境限制（表 7-11）。其中，受到生态承载力单因素限制的有 1 个专区、双因素限制的有 5 个专区、多因素限制的有 1 个专区；受到水资源承载力限制的有 2 个专区，受到土地资源承载力限制的有 5 个专区，受到生态承载力限制的有 7 个专区。由此可见，孟加拉国不同专区的资源环境承载力差异显著，水资源、土地资源承载力和生态承载力各异，大多受到生态环境因素的制约，亟待着力解决区域生态环境限制性问题，进一步提高孟加拉国不同地区的资源环境承载力。

表 7-11　孟加拉国专区资源环境承载力限制性分类

	限制因素类型	个数/个	专区名称
单因素	生态承载力限制	1	朗普尔
双因素	水资源-生态承载力限制	1	拉杰沙希
	土地资源-生态承载力限制	4	锡莱特、博里萨尔、库尔纳、吉大港
多因素	水资源-土地资源-生态承载力限制	1	达卡

（3）根据资源环境承载力警示性分区合理布局人口，引导人口有序流动，促进孟加拉国人口分布与资源环境承载力相适应。孟加拉国资源环境承载力主要受资源环境限制性影响，人居环境适宜性程度和社会经济适应性水平进一步强化或弱化了孟加拉国不同地区的资源环境承载力。孟加拉国应根据资源环境承载力警示性分区合理布局人口，促进人口分布与资源环境承载力相适应。

孟加拉国资源环境承载密度东南和西北丘陵地区普遍高于中部和西南部平原地区，承载状态西部和北部地区普遍优于东部和南部地区。占地 40.45%、相应人口占 32.32%的资源环境承载力超载的有 3 个专区，除吉大港资源环境承载力较强外，其他是资源环境承载力中等或较弱地区，人居环境适宜性临界适宜、社会经济发展滞后，人口发展潜力有限；占地 21.14%、相应人口占 32.97%的资源环境承载力盈余的有 1 个专区，该专区资源环境承载力较弱，但人居环境适宜性较好、社会经济发展较快；占地 38.41%、相应人口占 34.72%的资源环境承载力平衡的有 3 个专区，这些专区的资源环境承载力差距较大，人居环境临界适宜、社会经济发展水平相对滞后，人口发展潜力一般。根据资源环境承载力警示性分区，引导人口由人居环境不适宜地区向适宜地区或临界适宜地区、由资源环境承载力超载地区向盈余地区或平衡有余地区、由社会经济发展低水平地区向中、高水平地区有序转移，促进孟加拉国不同地区的人口分布与资源环境承载力相适应，是引导人口有序流动，促进人口合理布局的长期战略选择。

参 考 文 献

樊杰, 王亚飞, 汤青, 等. 2015. 全国资源环境承载能力监测预警(2014 版)学术思路与总体技术流程. 地理科学, 35(1): 1-10.

封志明. 1990. 区域土地资源承载能力研究模式雏议——以甘肃省定西县为例. 自然资源学报, 5(3): 271-283.

封志明, 杨艳昭, 闫慧敏, 等. 2017. 百年来的资源环境承载力研究: 从理论到实践. 资源科学, 39(3): 379-395.

国家人口发展战略研究课题组. 2007. 国家人口发展战略研究报告. 人口研究, (3): 4-9.

李泽红, 董锁成, 李宇, 等. 2013. 武威绿洲农业水足迹变化及其驱动机制研究. 自然资源学报, 28(3): 410-416.

吕一河, 傅微, 李婷, 等. 2018. 区域资源环境综合承载力研究进展与展望. 地理科学进展, 37(1): 130-138.

马月. 2018. 基于生态足迹模型的丝绸之路经济带可持续发展布局分析. 兰州: 兰州大学.

闵庆文, 李云, 成升魁, 等. 2005. 中等城市居民生活消费生态系统占用的比较分析——以泰州、商丘、铜川、锡林郭勒为例. 自然资源学报, 20(2): 286-292.

谢高地, 曹淑艳, 鲁春霞. 2011. 中国生态资源承载力研究. 北京: 科学出版社.

杨智, 刘乐, 彭鹏. 2022. 孟加拉国自然资源遥感调查与分析. 能源技术与管理, 47(3): 18-20.

竺可桢. 1964. 论我国气候的几个特点及其与粮食作物生产的关系. 地理学报, 30(1): 1-13.

Ahmed A U, Huq S, Nasreen M, Hassan A W R. 2015. Climate Change and Disaster Management, Sectoral Inputs towards the Formulation of the 7th Five Year Plan (2016—2021). Dhaka: Bangladesh Planning Commission.

Assessment M E. 2005. Ecosystems and human well-being: Biodiversity synthesis. World Resources Institute, 42(1): 77-101.

Battamo A Y, Varis O, Sun P Z, et al. 2021. Mapping socio-ecological resilience along the seven economic corridors of the Belt and Road Initiative. Journal of cleaner production, 309: 127341.

Cheng C Y, Ge C Z. 2020. Green development assessment for countries along the Belt and Road. Journal of Environmental Management, 263: 110344.

Imhoff M L, Bounoua L, Ricketts T, et al. 2004. Global patterns in human consumption of net primary production. Nature, 429(24): 870-873.

MOEF (Ministry of Environment and Forests). 2012. RIO+ 20, National Report on Sustainable Development. https://www.science.org/doi/10.1126/science.1227620.

Running S W. 2012. A measurable planetary boundary for the biosphere. Science, 337(6101): 1458-1459.

Viju I C. 1995. Issues in the management of the environment and natural resources in Bangladesh. Journal of Environmental Management, 45(4): 319-332.

Water Resources Planning Organisation (WaRPO). 2004. National Water Management Plan 2001. Dhaka: Government of Bangladesh, Ministry of Water Resources.

第 8 章　未来态势、政策变化及其影响

科学认识共建"一带一路"国家的资源环境承载力状况及其超载风险，是打造绿色丝绸之路的重要科学基础，也是促进共建国家和地区人口与资源环境协调发展的战略需求，对如何推进共建"一带一路"国家和地区的可持续发展具有重要意义。孟加拉国是共建"一带一路"的重要节点国家，对其资源环境承载力开展从分类到综合评价，以此识别孟加拉国资源环境承载力的未来变化态势、政策演化及其对资源环境承载力的影响。

8.1　未来内外环境变化态势

在开放系统中，区域经济发展推动国家经济发展，国家经济发展作用于国土空间开发，而国土空间开发建设推动资源环境水平的演化，反过来资源环境水平支撑国土空间开发建设。而在此过程中，资源环境承载力受制于政治经济环境变化和自然地理环境的变化等。

8.1.1　外部环境及其态势

1. 国际政治经济环境变化

第二次世界大战以来，世界经济逐渐向区域经济一体化和全球经济一体化的方向发展，区域合作组织大量涌现，推动了区域内部国家和地区经济社会的快速发展，也为世界经济全球化提供了新的动力。2008 年国际金融危机后，国际社会出现的反全球化浪潮、部分国家的经济民族主义等虽然对国家间合作带来了不少冲击，但经济全球化和区域一体化进程仍然是国际政治经济发展主流，融入经济一体化以发展经济仍然是各经济体的主要选择。

孟加拉国地处连接东南亚和南亚的枢纽位置，应深刻认识到抓住经济全球化与区域经济一体化对本国经济发展的重要性，努力加入世界经济发展的大潮中，并积极参与区域经济合作，提升本国的国际地位和经济发展水平，以发挥与自身地缘优势相对应的话语权。20 世纪末期，孟加拉国政府提出了"经济外交"的概念，旨在使其对外政策更好地服务于国家的经济建设，并首先提出建立"南亚区域合作联盟"的设想，同时相继加入多个区域经济合作组织（张立邦，2019）。进入 21 世纪后，孟加拉国积极响应中国提出的"孟中印缅经济走廊"和"一带一路"等倡议（表 8-1）。孟加拉国历届政府都推行以经济为导向的外交政策，大力加强区域经济合作，促进了国家经济社会的快速发展。

表 8-1　孟加拉国加入的主要区域合作组织

区域性组织	成立时间	加入时间	主要合作领域
东盟	1967 年		以经济合作为基础的多领域合作
亚太贸易协定	1975 年	1975 年	关税减免、经贸合作等多领域合作
南盟	1985 年	1985 年	经济、社会、科技等多领域合作
亚太经合组织	1989 年		贸易自由、经济技术等领域合作
环印度洋地区合作联盟	1997 年	1999 年	贸易自由化、经贸合作等领域合作
环孟加拉湾多领域经济技术合作倡议	1997 年	1997 年	经济技术贸易合作等多领域合作
孟中印缅经济走廊	2013 年	2013 年	经贸合作、互联互通等多领域合作
一带一路	2013 年	2014 年	经贸合作、互联互通等多领域合作

数据来源：张立邦（2019）。

2. 全球气候变化

过去百年来，全球气候变化逐渐上升为国际社会最为关注的全球性问题，对世界各国和地区的经济社会发展产生了不同程度的影响。根据政府间气候变化专门委员会（IPCC）报告，1880～2012 年，全球平均地面气温上升了 0.65～1.06℃，预计在 2016～2035 年将升高 0.3～0.7℃，2081～2100 年将升高 0.3～4.8℃，其结果将造成极端气候事件频发和冰川消融加剧。孟加拉国位于喜马拉雅山脉南麓和印度洋之间，是一个遍布河流的低地国家，地势平坦，国土大部分地区海拔低于 12m，是世界上最容易受到气候变化影响的国家之一。这种无法改变的地理环境也意味着孟加拉国在面对气候变化影响时比其他国家更脆弱。

洪水每年都造成孟加拉国几百至数千人的生命损失以及不计其数的财产损失。根据孟加拉国初步统计，1980 年 7 月发生的洪水造成 10 多万人受灾；1988 年 8 月，该国发生了有水文记录以来最严重的洪水，全国 58%面积被淹，41%的人口受到影响，洪灾损失达 13 亿美元；1998 年 5 月的洪水创历史新纪录，涉及 68%国土面积，淹没约 10 万 km^2 土地，严重威胁到 3000 多万人的生命安全，造成 234 万人无家可归，约 1400 人葬身洪水，177 万间房屋倒塌，总经济损失达 20 亿～30 亿美元（李煜刚等，2019）。

近年来，孟加拉国几乎每年雨季都受不同程度的洪灾以及洪灾带来的次生地质灾害等的影响，人民生命及财产安全受到严重威胁。如 2017 年 9 月，孟加拉国遭遇 40 年来最严重的洪灾，造成 142 人死亡，受灾人数达 850 万人，约 6.2 万 hm^2 耕地被损毁。由于全球气候变化在未来短时期内难以得到有效改善，孟加拉国仍将深受其害。

8.1.2　国内环境及其演变态势

孟加拉国经济社会的发展，必然带动高强度的土地开发，进而带动大规模的资源开发利用，这有效推动了区域经济发展、人口增长和用地面积扩大，特别是快速工业化的推进在带动资源开发利用和经济发展的同时，资源环境系统的平衡被逐渐破坏。而过高的国土开发强度增加了对资源环境的压力，导致水资源、土地资源、生态环境资源等消耗快速增长，严重影响资源环境承载系统的有序演进。与气候变化等相关的灾害则更大范围地制约了孟加拉国的资源环境承载力。

1. 资源环境承载力面临人口增长的压力较大

人口、资源、环境是关系人类生存与发展的重要问题，也是社会经济发展的基本要素。其中，人口是社会经济发展的主导性要素，资源与环境是社会经济发展的制约性要素。事实上，人类很早就认识到了地球空间内资源环境的有限性与人口增长和谐统一的重要性，并致力于构建人与资源环境相协调的系统，由此形成具有时空表征的人地关系。这种人地关系投射到资源环境承载力上，就是区域（国家）人口与资源环境在不同时空尺度相互作用的表征。孟加拉国位于南亚次大陆的东北部，地势总体呈现出北高南低，全国大部分地区以由恒河和布拉马普特拉河等携带的泥沙冲积而形成的三角洲平原地形为主，独特的自然地理环境与世代生活在平原上的人们形成了特有的人地关系。

孟加拉国是目前世界上人口超过 1 亿的 16 个国家之一，国家未来面临的人口增长压力仍然较大。长期以来，在国家生产力水平相对低下的情况下，孟加拉国庞大的人口数量对其土地资源、水资源和生态环境等带来了巨大压力，而人口快速增长过程给孟加拉国大部分地区本来就较低的资源环境承载力带来极大压力。目前及未来较长时期内，孟加拉国的人口增长模式总体上仍然处于高出生率、低死亡率、高自然增长率的过渡型阶段。这种人口增长模式也决定了对孟加拉国的资源环境产生的压力仍然很大（图 8-1）。

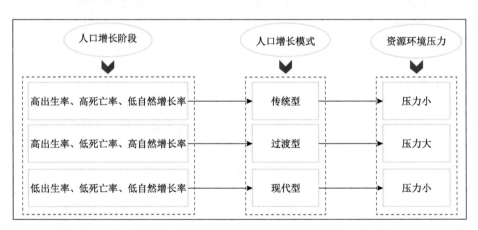

图 8-1　人口增长与资源环境关系的变迁

联合国经济和社会事务部人口司数据显示，2019 年孟加拉国的人口为 1.63 亿，人口密度为 1252.6 人/km²，人口增长率为 1.2%。人口增长率虽然降至 1.2%，但是由于总人口基数已达到 1.63 亿，实际上每年净增人口数仍然为 200 万左右。因此，人口增加对有限的资源和脆弱的经济的进一步发展形成了巨大的压力。联合国经济和社会事务部公布的《世界人口展望 2019》数据显示，2050 年前，孟加拉国仍然面临着巨大的人口增长压力，30 年后的人口总数将接近 2 亿人（图 8-2）。未来，在国家生产力水平、资源供给总量及其开发与利用效率、环境容量与保护等没有得到明显改善的情况下，随着人口总量的不断增长，孟加拉国的资源环境承载力将在较长时间内面临着趋近临界甚至超载的风险和压力。

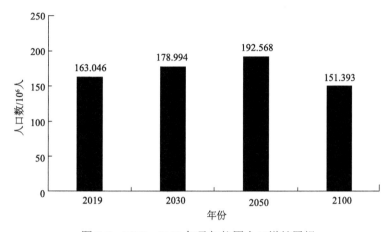

图 8-2　2019～2100 年孟加拉国人口增长展望

数据来源：联合国经济和社会事务部 "World Population Prospects 2019"

2. 资源环境承载力面临经济发展的压力较大

决定区域或国家经济增长的支撑因素包括能源、矿产资源供给、水土资源保障、环境和生态系统承载力等，以及建立在这些要素之上的产业增长潜力、发展模式（Meadows et al.，1972）。由于各要素的供给是有限的，因而需考虑支撑因素的供给能力，避免透支。事实上，经济发展与资源环境要素之间的相互作用关系在地理学发展过程中形成了地理环境决定论、或然论、生态论、和谐论、可持续发展论等。在此过程中，研究经济发展与资源环境各要素之间的相互作用关系及其机制，一个主要方法就是资源环境承载力及其承载状态的研究（封志明等，2017），即识别和模拟资源环境等各支撑要素对不同地区或国家经济发展速度、模式的支撑能力，探寻适宜的发展速度和发展模式（牛方曲和孙东琪，2019）。然而，广大发展中国家的经济发展仍然遵循着高资源消耗、高环境污染、低生产效率的粗放型发展模式，导致资源过度消耗和生态环境逐渐恶化等，进而使得这些地区或国家的资源环境承载力及其承载状态面临着超载风险和压力。

孟加拉国是世界上典型的以农业经济为主的发展中国家。世界银行数据显示，2021 年孟加拉国的 GDP 为 4162.6 亿美元（现价，下同），人均 GDP 为 2457.9 美元。另据世界银行公布的按照人均国民收入（GNI）标准划分的国家分类，2021 年孟加拉国的人均 GNI 为 2587.4 美元，属于中等偏下收入国家行列（人均 GNI 限值：1006～3955 美元）。根据钱纳里工业化阶段划分标准，孟加拉国是处于工业化初期、以传统农业经济为主的经济体。根据亚洲开发银行数据，2018 年孟加拉国第一产业增加值占国民经济的 56.3%，第二产业增加值占国民经济的 27.6%，国家经济发展水平和工业化水平还比较低，但发展空间和潜力巨大。据世界银行和亚洲开发银行对孟加拉国 2020~2022 年 GDP 增长预测，增速均超过了 7%（图 8-3）。孟加拉国经济的高速增长可能会致使资源过度消耗、生态环境逐渐恶化。同时，为实现国家发展和现代化，跻身中高收入国家行列，孟加拉国又需要保持一定的经济发展速度，而这种经济发展速度是建立在一定强度的资源环境要素消耗之上的。未来，孟加拉国的资源环境承载力及其承载状态将可能面临经济发展带来的巨大压力和风险。

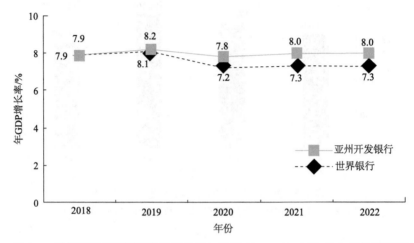

图 8-3　世界银行和亚洲开发银行对孟加拉国 2020~2022 年 GDP 增长的预测

3. 自然灾害频发对资源环境承载力的制约

过去 30 多年来全球各地相继发生的地震、滑坡、泥石流、洪涝、风暴潮、干旱等自然灾害事故表明，自然灾害突发事件发生后，灾害自身的破坏性以及诱发次生灾害的危险性成为削弱区域或国家资源环境承载力的重要因素（樊杰，2014；CRED，2018；UNISDR，2018）。而在全球气候变暖不断加剧的大背景下，干旱、高温、洪涝、风暴潮、冰雹等极端天气事件的发生频率和严重性明显增加，使农业生产波动性增大，特别在一些受不稳定季风影响显著、地势低洼、河流密布地区的土地资源侵蚀、水资源不稳定性与洪涝灾害问题更加突出，生态环境系统脆弱性更加显著。

孟加拉国处于环印度洋自然灾害最为严重的地区，同时地处热带季风气候区，素有"千河之国"之称。孟加拉国季节干湿分明，全年分为冬季（11~2 月）、夏季（3~6 月）和雨季（7~10 月）。孟加拉国是由恒河、布拉马普特拉河和梅克纳河等河流携带泥沙冲击而成的低海拔三角洲国家，三角洲平原江河密布，50% 左右的国土面积的平均海拔只有 6~7m，68% 的国土面积对洪水具有显著的脆弱性，25%~30% 的国土面积能被正常洪水淹没（MOFDM，2008）。而飓风则是造成孟加拉国损失最为严重的自然灾害。孟加拉国飓风占全球飓风的 5%~6%，但其造成的生命和财产损失占全球飓风损失的 80%~90%。过去 200 年来，在飓风所造成的人员死亡中，有 42% 发生在孟加拉国（Bimal，2009）。特殊的地理位置、地形地貌特点、河流多样性和季风气候等导致了孟加拉国的自然灾害频发且损失严重。

孟加拉国的自然灾害具有多样性的特征，既包括洪水、飓风、干旱、龙卷风、河堤侵蚀等与气象相关的自然灾害，又包括海啸、地震、泥石流等与地质活动相关的自然灾害，其中，与气象有关的洪水、飓风、干旱、龙卷风等自然灾害最为严重。随着全球气候变暖的加剧，孟加拉国面临的气象灾害风险可能会越来越大。未来，这些自然灾害的易发性，特别是与气象相关的洪水、飓风、干旱等自然灾害的易发性将可能进一步降低孟加拉国的资源环境承载力，地理环境要素对资源环境承载力的制约将会继续凸显。

8.2　政策变化对未来资源环境承载力的影响

孟加拉国资源环境承载力深受其资源禀赋、经济发展和庞大人口基数及其增长等影响，也受因气候变化而引发的自然灾害等约束。频繁的气候灾害诸如洪水、热带气旋等给孟加拉国社会经济发展和资源环境承载力带来了严重影响。过去几十年来，气候灾害引起了孟加拉国历届政府的高度重视，采取了一些行之有效的防灾减灾措施，如成立治理的专门机构、制定有效的管理计划、加快实施防洪工程建设、努力开展环境教育以及积极参加国际谈判与合作等，以降低灾害影响和提升资源环境承载力。

但是，资源环境承载力是一系列自然与人为因素的综合与集成过程，其提升与增强需要遵循统筹提升的原则。就孟加拉国而言，其统筹提升涉及两个方面，一是统筹城乡、7 大专区的区域均衡发展。随着人口增长、经济发展、城镇化的不断推进、资源环境跨区域影响的加大，孟加拉国在提升资源环境承载力时，需要统筹城乡、全国不同区域的协调发展。二是统筹土地资源承载力、水资源承载力和生态承载力 3 个维度，三者关系相互影响、相互促进，任何维度的短板都会影响资源环境承载力的提升。

8.2.1　加强土地资源集约化利用，提高土地资源承载力

孟加拉国是以农业经济为主的传统农业型国家，需要大量土地资源来生产足够的粮食以养活日益增加的人口。一方面，人口快速增长使得对土地资源的需求不断增长，为了获得足够的粮食，人们对有限的土地进行掠夺式的开发利用，粮食问题和生态环境问题日益突出。另一方面，以首都等为主的大城市的不断扩大带来的土地征用行为成为引发社会矛盾的主要因素。

对此，首先应当确保耕地及粮食安全，在保障人口基本粮食需求的基础上，进一步提高土地资源利用效率；其次，要优化城乡空间布局，既体现各区域的合理职能分工，又体现各区域的合理互补，从而实现最佳的规模经济和合理的区域经济协作；再次，要推进城乡土地开发与利用的法治化进程，做到依法拓土、依法用土、依法管土；最后，要采取差别化的区域土地资源政策。大城市地区应进一步开发好已建成区土地存量，优

化用地结构，如首都达卡的城市扩张正在吞没毗邻的农业土地资源，减少了可耕地和粮食产量，影响粮食安全。同时要进行城乡发展格局调整和推动 7 大专区均衡发展，避免由于人口和经济过于集中于某几个特大城市而带来一系列社会问题，如首都达卡拥有1160 万人口，而且正在以每年约 3%～4%的速度迅速增长，孟加拉国国内生产总值的 20%产生于该城市（World Bank，2019），达卡一个城市的风险就可以影响到全国。

8.2.2　优化水资源管理，提高水资源承载力

从前文资源环境承载力综合评价可知，孟加拉国水资源较为丰富，但水资源污染严重和利用效率低的短板约束越来越严重。优化水资源管理可从规范水污染综合治理、优化水资源的供给、调整水资源的需求和提高水资源利用效率等 4 个方面来实施。从供给角度看，孟加拉国传统上主要围绕地表水和地下水及跨区域调水补给展开。事实上，人类活动改变了水的蒸发、渗透、地表径流等自然循环过程，也改变了水的质量、分配和利用等社会过程。以首都达卡为例，该市 43 条运河中只有 25 条能够正常流动，市内的多条运河堆满了固体废物与垃圾，严重降低了城市内部的输水能力（World Bank，2019）。此外，城市扩张带来的建筑面积的爆炸式增长大大削弱了湿地和池塘的蓄水能力，加剧了地表的不透水性，降低了土壤的涵水能力，使得洪水泛滥问题日益严峻。

随着孟加拉国社会经济的发展，影响水资源承载力的因素在形态和内容上均进一步扩展，除气候条件、地形地貌等传统地理环境要素外，人为的不确定性因素的影响也逐渐显现。因此，应充分利用制度、法律等手段和工程措施进行水资源管理，通过技术创新推动水资源的循环利用，体现水资源的一水多用、循环利用，降低洪灾带来的影响，提高水资源承载力。

8.2.3　推进生态环境保护，提高生态环境承载力

孟加拉国成立以来，虽然经济建设取得了较大的成就，但目前仍然是世界上最不发达的国家之一。为了发展经济，解决国计民生问题，孟加拉国在经济现代化进程中产生了诸如耕地资源与动植物种类不断减少、固体废弃物与水污染严重、自然灾害频发等一系列的生态环境问题。针对生态环境承载力的综合评价指标，结合可持续发展的大背景，未来可以从以下方面提升生态环境承载力：①提高自然灾害预防能力、救济能力和事后治理能力。提高预防和救济能力可以将自然灾害导致的经济损失降到最小，提高事后治理能力，可以尽快恢复受损的环境和生态系统的功能；②通过科技进步提高经济效率。进一步提高农业生产率，加快高投入、高能耗产业的升级和转型，降低工业生产中万元 GDP 的三废排放量；③控制城乡环境污染源。调节城乡生态环境系统，减少污染物的排放，同时在城市和乡村进行生态恢复和环境治理，提高城乡人居环境适宜性水平。

8.2.4　强化能源供应，改善基础设施，提供综合承载能力

孟加拉国的能源资源禀赋较差，即便与资源赋存条件较差的南亚国家相比也处于末位，其最有优势的天然气尚不能满足国内需求，石油及石油产品基本全部依靠进口。据英国石油公司（BP）统计，2016 年孟加拉国消费石油 660 万 t，其中进口约 600 万 t，对外依存度达 90.9%。孟加拉国的能源消费有三个特点：一是燃料短缺和电力短缺的问题突出；二是能源消费结构不合理，过度依赖传统生物质能和天然气；三是能源消费水平较低，人均消费量更低（吴磊和詹红兵，2018）。

随着孟加拉国经济社会发展进入快速增长阶段，其能源供应有限与经济发展对能源需求之间的矛盾突出，能源短缺的形势十分严峻，尤其在天然气行业和电力行业表现得最为明显。长期存在的能源资源供应短缺和电力供应不足，制约着孟加拉国经济社会发展，对消除贫困、防灾减灾等也带来极为不利的影响。孟加拉国必须解决好能源供应问题，实现能源的可持续发展，才能为经济社会发展提供可持续的能源保障，才能进一步提高资源环境的承载力。

8.2.5　优化城乡空间布局，提高资源环境承载力

资源环境系统的开放性特征决定了资源与环境要素的传递与交换是持续而广泛的，无论在区内还是区际都不断进行着能量流和物质流的空间传导，资源系统的"短板"可通过区际资源调配与流动实现提升，而环境系统的"长板"也可能被相邻区域扰动成为限制因素。影响孟加拉国资源环境承载力的因素除水土条件、生态环境、资源赋存、地形地貌等传统地理环境要素外，科技进步、区际要素交流、制度与政策安排以及自然灾害等不确定性因素的影响逐渐显现。因此，要提高资源环境综合承载力，需要协同推进土地资源承载力、水资源承载力和生态环境承载力的提高。

土地资源承载力体现了城乡空间分布的依托能力，在土地资源总量有限及耕地保护政策下，盘活土地资源存量、控制城乡土地增量是必要手段。水资源承载力是城乡生产、生活的刚性约束条件，因此如何开源与节流并重、趋利避害、改善结构与提高效应是重要问题。生态环境承载力体现了对污染的承受极限与阈值，生态环境一旦恶化，不可逆的环境后果将难以化解。此外，由于孟加拉国经济发展具有极不均衡性，如长期对小城镇发展的忽视，影响了整体的资源环境承载容量。因此，无论是资源环境承载力还是土地资源、水资源、环境等单项承载力都存在明显的区域差异。区位优势、政策优势和产业优势使得首都等经济发达地区的资源环境承载力与单项承载力都高于北部等经济发展水平低的地区。整体推进与区域均衡发展、优化城乡格局和七大专区国土空间规划，是增强资源环境承载力的重要举措。

8.3 资源环境承载力评价的未来影响

结合自然、人文、经济空间数据，开展孟加拉国人居环境适应性评价，在此基础上，开展从分类到综合的资源环境承载力评价，科学认识资源环境承载阈值与超载风险，定量揭示孟加拉国资源环境承载力及其地区差异，对孟加拉国未来的国土空间规划、调控人口与资源环境协调发展具有重要影响。

8.3.1 人居环境适宜性综合评价与适宜性分区有利于引导国土空间规划

人居环境是人地关系相互作用的结果，因为环境为人类生存与发展提供最基本的物质资源保障，同时人类为了生存与发展也不断改变着环境。随着人类认知环境、改造环境、适宜环境等能力的不断提升，对环境施加的影响越来越大，以及环境对人类活动的响应，使得人地关系在地域空间等方面出现结构性分异。因此，空间分区或区划是人类认识人地关系空间格局与分异并进行分类管理的基础。人居环境适宜性综合评价与适宜性分区就是这一功能过程的具体体现和实践。

人居环境适宜性综合评价与适宜性分区的实质是以自然环境要素、社会经济发展水平以及人类活动的空间分异为基础，揭示人地关系发展格局在地域空间单元的分异性和规律性。孟加拉国是世界上人口密度最大的国家之一，人地关系不协调问题突出，土地资源、生态系统、环境系统等承载着人口快速增长和经济发展带来的双重压力，水资源承载力深受自然灾害的约束。因此，开展孟加拉国人居环境综合评价与适宜性分区是识别和解决制约孟加拉国经济社会发展、人与环境可持续发展问题的根本性工作。

综合利用地形地貌、气候气象、水文、植被与土地利用等自然地理要素，辅以遥感、统计等多源数据，结合人口、经济数据等，通过对孟加拉国的水土资源约束性、地形植被约束性、灾害易损性、生态环境约束性等因素进行识别与系统集成，对孟加拉国的人居环境约束性进行分区；通过对孟加拉国的水土资源匹配性、气候适宜性、地形植被适宜性、居民居住与生活舒适性、交通便利性等因素进行识别，对孟加拉国的人居环境适宜性进行分区；耦合人居环境的约束性与适宜性进行系统集成与综合判别，对孟加拉国的人居环境进行功能分区并揭示其地域规律性。通过上述评价和分区，对于完善人口规划与政策体系、促进人口与资源环境协调发展、探索人口密集的发展中国家地区优化开发新模式提供科学依据，从而有助于科学引导构建孟加拉国的国土空间发展规划与布局。

8.3.2 资源环境承载力综合评价有利于指导、调适国土空间规划

资源环境承载力是从土地资源承载力、水资源承载力、生态承载力以及环境容量与环境承载力等单项资源环境要素承载力演化而来的，是衡量国家或地区人地关系协调发

展程度的重要判断依据（封志明等，2017）。人类在迈向追求人与自然和谐发展与可持续发展的目标过程中，科学认识和判别资源环境承载力综合水平与超载风险，对于指导区域发展、国土空间适宜性规划、实现人与自然和谐发展具有重要战略意义。因此，不管是发达国家或地区，还是发展中国家或地区，开展资源环境综合水平评价及其超载风险研究是指导、推动、优化国土空间规划的基础性和前缘性工作。

资源环境承载力是区域人口与资源环境关系在不同时空尺度上相互作用的表征。孟加拉国的城乡、七大专区的资源禀赋差异较大，加之地区、城乡间的社会经济发展的差异，造成了孟加拉国不同地区之间的资源环境承载力存在差异。这种差异决定了孟加拉国需要基于资源环境承载本底、效率、状态进行人地关系协调发展路径的选择。资源环境承载本底主要从资源环境数量和质量角度入手，分析资源环境禀赋的本底优劣，识别和把握影响单要素承载力和综合承载力提升的空间"底线"。资源环境承载效率反映当前人类活动对资源环境的开发利用强度，可以通过数据挖掘的方式，以土地资源、水资源和生态资源数据为基础数据，与人居环境适宜性数据叠合，实现对资源环境空间承载效率的识别。资源环境承载状态是基于资源环境承载本底和效率指标限制对承载人类活动资源环境的适宜性和限制性是否超载的测度，目的在于把握"底线"和摸清"上限"。这就明确了资源环境承载状态是决定地区开发潜力和开发风险的重要因素。

根据人居环境适宜性与限制性分区，资源环境承载本底、效率与状态，以及社会经济发展水平，划定孟加拉国的人口主体功能区，引导人口合理流动和优化资源配置，降低孟加拉国资源环境承载力超载风险，将有助于指导调适国土空间规划。在这一过程中，把握和摸清资源环境承载本底、效率与状态是界定从单要素的资源承载到综合的资源环境承载阈值、认识孟加拉国的资源环境承载力空间开发潜力与超载风险以及进行政策调适的关键。因此，资源环境承载力综合评价与系统集成对于指导调适孟加拉国的城乡空间优化、七大专区边界划定、国土空间规划具有重要的制度性和政策性意义。

8.3.3　资源环境承载力综合评价有利于促进人口与资源环境协调发展

资源环境承载力是区域人口与资源环境在不同时空尺度相互作用的表征，已成为衡量国家或地区人地关系协调发展程度的重要依据。资源环境承载状态是决定地区开发潜力和风险的重要因素。孟加拉国资源禀赋差异较大，加之社会经济发展因素，造成了国家内部不同地区、城乡、城市之间资源环境承载状况存在差异。这种差异决定了不同地区不可能走相同的发展道路，需要基于空间化的资源环境承载状态进行可持续发展路径的选择。

对此，系统掌握孟加拉国不同地区资源环境与社会经济状况，结合自然、人文、社会、经济等指标，在人居环境适宜性评价的基础上，通过综合集成"适宜性分区—限制性分类—警示性分级"综合评价，以此科学研判不同地区的资源环境承载状态，将有效地提升孟加拉国国土空间布局的科学性，提高应对人口与资源环境不协调状况引发的风险的能力，进而有助于科学指导人口与资源环境可持续发展路径选择，最终助力实现人与资源环境协调发展目标。

8.4　本章小结

　　本章主要对孟加拉国面临的国内外环境及其演变态势进行了分析，对未来政策变化对资源环境承载力的影响及其演变进行了系统的梳理和分析研判，并在此基础上，提出了加强资源环境承载力综合评估的重要作用。

　　从孟加拉国的国内外环境影响来看，外部环境主要是经济全球化、区域经济一体化和全球气候变化等对经济社会的影响；内部环境因素，主要是面临的人口增长、经济发展和自然灾害等给资源环境带来的巨大压力。

　　从提高资源环境综合承载能力的角度对孟加拉国的土地资源、水资源、生态保护、能源保障和区域均衡发展等政策所要做出的调整进行了梳理和分析。

　　本章还对资源环境承载力综合评估的影响进行了分析，认为资源环境承载力综合评估对指导和调适孟加拉国国土空间规划、促进孟加拉国人口与资源环境协调发展具有重要的战略作用。

参 考 文 献

樊杰. 2014. 芦山地震灾后恢复重建: 资源环境承载能力评价. 北京: 科学出版社.

封志明, 杨艳昭, 闫慧敏, 等. 2017. 百年来的资源环境承载力研究: 从理论到实践. 资源科学, 39(3): 379-395.

李煜刚, 李光伟, 刘碚洪, 等. 2019. 孟加拉国防洪形势及防洪减灾对策分析. 水利水电快报, 40(9): 12-14, 36.

牛方曲, 孙东琪. 2019. 资源环境承载力与中国经济发展可持续性模拟. 地理学报, 74(12): 2604-2613.

吴磊, 詹红兵. 2018. 孟加拉国能源可持续发展问题探析. 南亚研究, (2): 55-72, 157.

张立邦. 2019. 孟加拉国的区域合作: 背景、进程与特点. 南亚东南亚研究, (5): 58-73, 154-155.

Bimal K P. 2009. Why relatively fewer people died? The case of Bangladesh's Cyclone Sidr. Natural Hazards, 50(2): 289-304.

CRED. 2018. Natural Disasters 2017. Brussels: Centre for Research on the Epidemiology of Disasters.

Meadows D H, Randers J, Dennis L, et al. 1972. The Limits to Growth, A Report for the Club of Rome's Project on the Predicament of Mankin. New York: Universe Books.

MOFDM. 2008. National Plan for Disaster Management 2008—2015. Dhaka: Ministry of Food and Disaster Management, Government of the People's Republic of Bangladesh.

UNISDR. 2018. Economic Losses, Poverty and Disasters 1998—2017. Brussels: United Nations International Strategy for Disaster Reduction.

World Bank. 2019. Toward Great Dhaka. New York: The World Bank Group.

第9章 孟加拉国资源环境承载力评价技术规范

为全面反映孟加拉国资源环境承载力评价研究的技术方法，特编写技术规范。技术规范全面、系统地梳理孟加拉国资源环境承载力评价的研究方法，包括人居环境适宜性评价、土地资源承载力与承载状态评价、水资源承载力与承载状态评价、生态承载力与承载状态评价、资源环境承载综合评价5节，共39条。

9.1 人居环境适宜性评价

第1条 地形起伏度（relief degree of land surface，RDLS）是区域海拔和地表切割程度的综合表征，由平均海拔、相对高差及一定窗口内的平地加和构成，地形起伏度共分五级。计算公式如下：

$$RDLS = ALT / 1000 + \left\{ \left[Max(H) - Min(H) \right] \times \left[1 - P(A) / A \right] \right\} / 500 \tag{9-1}$$

式中，RDLS 为地形起伏度；ALT 为以某一栅格单元为中心一定区域内的平均海拔，m；Max（H）和 Min（H）是指以某一栅格单元为中心一定区域内的最高海拔与最低海拔，m；P（A）为区域内的平地面积（相对高差≤30m），km²；A 为以某一栅格单元为中心一定区域内的总面积，km²。

第2条 基于地形起伏度的人居环境地形适宜性共分为五级，即不适宜、临界适宜、一般适宜、比较适宜与高度适宜（表9-1）。

表 9-1 基于地形起伏度的人居环境地形适宜性分区标准

地形起伏度	海拔/m	相对高差/m	地貌类型	人居适宜性
>5.0	>5000	>1000	极高山	不适宜
3.0～5.0	3500～5000	500～1000	高山	临界适宜
1.0～3.0	1000～3500	200～500	中山、高原	一般适宜
0.2～1.0	500～1000	0～200	低山、低高原	比较适宜
0～0.2	<500	0～100	平原、丘陵、盆地	高度适宜

第3条 温湿指数（temperature-humidity index，THI）是指区域内气温和相对湿度的乘积，其物理意义是湿度订正以后的温度，综合考虑了温度和相对湿度对人体舒适度

的影响，温湿指数共分十级（表9-2）。计算公式如下：

$$THI = T - 0.55(1 - RH)(T - 58) \qquad (9-2)$$

$$T = 1.8t + 32 \qquad (9-3)$$

式中，t 为某一评价时段平均温度（℃），T 是华氏温度（℉）；RH 是某一评价时段平均空气相对湿度（%）。

表9-2　人体舒适度与温湿指数的分级标准

温湿指数	感觉程度	温湿指数	感觉程度
≤35	极冷，极不舒适	65～72	暖，非常舒适
35～45	寒冷，不舒适	72～75	偏热，较舒适
45～55	偏冷，较不舒适	75～77	炎热，较不舒适
55～60	清，较舒适	77～80	闷热，不舒适
60～65	清爽，非常舒适	>80	极其闷热，极不舒适

第4条　基于温湿指数的人居环境气候适宜性共分为五级，即不适宜、临界适宜、一般适宜、比较适宜与高度适宜（表9-3）。

表9-3　基于温湿指数的气候适宜性分区标准

温湿指数	人体感觉程度	人居适宜性
≤35，>80	极冷，极其闷热	不适宜
35～45，77～80	寒冷，闷热	临界适宜
45～55，75～77	偏冷，炎热	一般适宜
55～60，72～75	清，偏热	比较适宜
60～72	清爽或温暖	高度适宜

第5条　水文指数，或称为地表水丰缺指数（land surface water abundance index，LSWAI），表征区域水资源丰裕程度，计算公式如下：

$$LSWAI = \alpha \times P + \beta \times LSWI \qquad (9-4)$$

$$LSWI = (\rho_{nir} - \rho_{swirl}) / (\rho_{nir} + \rho_{swirl}) \qquad (9-5)$$

式中，LSWAI 为地表水丰缺指数；P 为降水量；LSWI 为地表水分指数；α、β 分别为降水量与地表水分指数的权重值，默认情况下各为 0.50；ρ_{nir} 与 ρ_{swirl} 分别为 MODIS 卫星传感器的近红外与短波红外的地表反射率值。LSWI 表征了陆地表层水分的含量，在水域及高覆盖度植被区域 LSWI 较大，在裸露地表及中低覆盖度区域 LSWI 较小。人口相关性分析表明，当降水量超过 1600mm、LSWI 大于 0.70 以后，降水量与 LSWI 的增加对人口的集聚效应未见明显增强。在对降水量与 LSWI 归一化处理过程中，分别取 1600mm 与 0.70 为最高值，高于特征值的分别按特征值计。

第 6 条　基于水文指数的人居环境水文适宜性共分为五级，即不适宜、临界适宜、一般适宜、比较适宜与高度适宜（表 9-4）。

表 9-4　基于水文指数的水文适宜性分区的标准

水文指数	人居适宜性
＜0.05	不适宜
0.05～0.15	临界适宜
0.15～0.25、0.5～0.6	一般适宜
0.25～0.3、0.4～0.5	比较适宜
0.3～0.4、＞0.6	高度适宜

注：不同区域水文指数阈值区间建议重新界定。

第 7 条　地被指数（land cover index，LCI），用于表征区域的土地利用和土地覆被对人口承载的综合状况，计算公式为

$$LCI = NDVI \times LC_i \tag{9-6}$$

$$NDVI = \left(\rho_{nir} - \rho_{red}\right) / \left(\rho_{nir} + \rho_{red}\right) \tag{9-7}$$

式中，LCI 为地被指数；ρ_{nir} 与 ρ_{red} 分别为 MODIS 卫星传感器的近红外与红波段的地表反射率值；NDVI 为归一化植被指数；LC_i 为各种土地覆被类型的权重，其中 i=1, 2, 3, …, 10，代表不同土地利用/覆被类型。NDVI 与人口相关性分析表明，当 NDVI 大于 0.80 时，其值的增加对人口的集聚效应未见明显增强。在对 NDVI 归一化处理时，取 0.80 为最高值，高于特征值的按特征值计。

第 8 条　基于地被指数的人居环境地被适宜性共分为五级，即不适宜、临界适宜、一般适宜、比较适宜与高度适宜（表 9-5）。

表 9-5　基于地被指数的地被适宜性分区的标准

地被指数	人居适宜性	主要土地覆被类型
＜0.02	不适宜	苔原、冰雪、水体、裸地等未利用地
0.02～0.10	临界适宜	灌丛
0.10～0.18	一般适宜	草地
0.18～0.28	比较适宜	森林
＞0.28	高度适宜	不透水层、农田

注：不同区域地被指数阈值区间需要重新界定。

第 9 条　人居环境适宜性综合评价。在对人居环境地形、气候、水文与地被等单项评价指标标准化处理的基础上，通过逐一评价各单要素标准化结果与 Landscan 2015 人口分布的相关性，基于地形起伏度、温湿指数、水文指数、地被指数与人口分布的相关系数

再计算其权重，并构建综合反映人居环境适宜性特征的人居环境指数（human settlements index，HSI），以定量评价孟加拉国人居环境的自然适宜性与限制性。人居环境指数（HSI）计算公式为

$$HSI = \alpha \times RDLS_{Norm} + \beta \times THI_{Norm} + \gamma \times LSWAI_{Norm} + \delta \times LCI_{Norm} \qquad (9\text{-}8)$$

式中，HSI 为人居环境指数；$RDLS_{Norm}$ 为标准化地形起伏度；THI_{Norm} 为标准化温湿指数；$LSWAI_{Norm}$ 为标准化水文指数（即地表水丰缺指数）；LCI_{Norm} 为标准化地被指数；α、β、γ、δ 分别为地形起伏度、温湿指数、水文指数与地被指数对应的权重。

RDLS 标准化公式如下：

$$RDLS_{Norm} = 100 - 100 \times (RDLS - RDLS_{min}) / (RDLS_{max} - RDLS_{min}) \qquad (9\text{-}9)$$

式中，$RDLS_{Norm}$ 为地形起伏度标准化值（取值范围为 0～100）；RDLS 为地形起伏度；$RDLS_{max}$ 为地形起伏度标准化的最大值（即 5.0）；$RDLS_{min}$ 为地形起伏度标准化的最小值（即 0）。

THI 标准化公式包括式（9-10）与式（9-11）。

$$THI_{Norm1} = 100 \times (THI - THI_{min}) / (THI_{opt} - THI_{min}) \quad (THI \leqslant 65) \qquad (9\text{-}10)$$

$$THI_{Norm2} = 100 - 100 \times (THI - THI_{opt}) / (THI_{max} - THI_{opt}) \quad (THI > 65) \qquad (9\text{-}11)$$

式中，THI_{Norm1}、THI_{Norm2} 分别为 THI 小于等于 65、大于 65 对应的温湿指数标准化值（取值范围为 0～100）；THI 为温湿指数；THI_{min} 为温湿指数标准化的最小值（即 35）；THI_{opt} 为温湿指数标准化的最适宜值（即 65）；THI_{max} 为温湿指数标准化的最大值（即 80）。

LSWAI 标准化公式如下：

$$LSWAI_{Norm} = 100 \times (LSWAI - LSWAI_{min}) / (LSWAI_{max} - LSWAI_{min}) \qquad (9\text{-}12)$$

式中，$LSWAI_{Norm}$ 为地表水丰缺指数标准化值（取值范围为 0～100）；LSWAI 为地表水丰缺指数；$LSWAI_{max}$ 为地表水丰缺指数标准化的最大值（即 0.9）；$LSWAI_{min}$ 为地表水丰缺指数标准化的最小值（即 0）。

LCI 标准化公式如下：

$$LCI_{Norm} = 100 \times (LCI - LCI_{min}) / (LCI_{max} - LCI_{min}) \qquad (9\text{-}13)$$

式中，LCI_{Norm} 为地被指数标准化值（取值范围为 0～100）；LCI 为地被指数；LCI_{max} 为地被指数标准化的最大值（即 0.9）；LCI_{min} 为地被指数标准化的最小值（即 0）。

9.2 土地资源承载力与承载状态评价

第 10 条 土地资源承载力（land carrying capacity，LCC）是指在自然生态环境不受

危害并维系良好的生态系统前提下，一定地域空间的土地资源所能承载的人口规模。本研究中分为基于人粮平衡的耕地资源承载力（cultivate land carrying capacity，CLCC）和基于当量（热量、蛋白质、脂肪）平衡的土地资源承载力（equivalent carrying capacity，EQCC）。

第 11 条　基于人粮平衡的耕地资源承载力（cultivate land carrying capacity，CLCC）用一定的粮食消费水平下区域耕地资源所能持续供养的人口规模来度量。计算公式如下：

$$CLCC = Cl / Gpc \qquad (9\text{-}14)$$

式中，CLCC 为基于人粮平衡的耕地资源现实承载力或耕地资源承载潜力；Cl 为耕地生产力，以粮食产量表征；Gpc 为人均消费标准，现实承载力采用 345kg/年计。

第 12 条　基于当量平衡的土地资源承载力（equivalent carrying capacity，EQCC），可分为热量当量承载力（energy carrying capacity，EnCC）、蛋白质当量承载力（protein carrying capacity，PrCC）和脂肪承载力（fat carrying capacity，FaCC）可用一定热量、蛋白质和脂肪摄入水平下，区域粮食和畜产品转换的热量总量、蛋白质总量和脂肪总量所能持续供养的人口来度量。

$$EQCC = \begin{cases} EnCC=En/Enpc \\ PrCC=Pr/Prpc \\ FaCC=Fa/Fapc \end{cases} \qquad (9\text{-}15)$$

式中，EQCC 为基于当量平衡的土地资源现实承载力或耕地资源承载潜力，可用 EnCC 和 PrCC 表征；EnCC、PrCC 和 FaCC 分别为基于热量、蛋白质和脂肪 3 种不同当量平衡的土地资源承载力；En、Pr 和 Fa 分别为耕地资源和草地资源产品转换为热量、蛋白质和脂肪的总量；Enpc、Prpc 和 Fapc 分别为人均热量、蛋白质和脂肪的需求标准，分别以 2430kcal/d、61g/d 和 54g/d 计。

第 13 条　土地资源承载指数（land carrying capacity index，LCCI）是指区域人口规模（或人口密度）与土地资源承载力（或承载密度）之比，反映区域土地与人口之间的关系，可分为基于人粮平衡的耕地资源承载指数（cultivate land carrying capacity index，CLCCI）和基于当量平衡的土地资源承载指数（equivalent carrying capacity index，EQCCI）。

第 14 条　基于人粮平衡的耕地承载指数：

$$CLCCI = Pa / CLCC \qquad (9\text{-}16)$$

式中，CLCCI 为耕地资源承载指数；CLCC 为耕地资源承载力，人；Pa 为现实人口数量。

第 15 条　基于当量平衡的土地承载指数（equivalent carrying capacity index，EQCCI）又可分为热量当量承载指数（energy carrying capacity index，EnCCI）、蛋白质当量承载指数（protein carrying capacity index，PrCCI）和脂肪当量承载指数（fat carrying capacity index，FaCCI），计算方式如下：

$$EQCCI = \begin{cases} EnCCI = Pa\ /\ EnCC \\ PrCCI = Pa\ /\ PrCC \\ FaCCI = Pa\ /\ FaCC \end{cases} \tag{9-17}$$

式中，EQCCI 为基于当量平衡的土地承载指数；EnCCI、PrCCI 和 FaCCI 分别为基于热量、蛋白质和脂肪当量平衡的土地承载指数；EnCC、PrCC 和 FaCC 分别为基于热量、蛋白质和脂肪当量平衡的土地资源承载力，人；Pa 为现实人口数量，人。

第 16 条 土地资源承载状态反映区域常住人口与可承载人口之间的关系，本节分为基于人粮平衡的耕地资源承载状态和基于当量平衡的土地资源承载状态。

第 17 条 耕地资源承载状态反映"人粮平衡"关系状态，土地资源承载状态反映"人地关系"状态，根据承载指数大小分为 3 类 6 个等级（表 9-6）。

表 9-6　土地资源承载力分级评价的标准

类型	级别	CLCCI（EQCCI）
土地盈余	富富有余	≤0.5
	盈余	0.5～0.875
人地平衡	平衡有余	0.875～1
	临界超载	1～1.125
人口超载	超载	1.125～1.5
	严重超载	>1.5

第 18 条 食物消费结构又称膳食结构，是指一个国家或地区的人们在膳食中摄取的各类动物性食物和植物性食物所占的比例。

第 19 条 膳食营养水平通常用营养素摄入量进行衡量，主要包括热量、蛋白质、脂肪等。

第 20 条 基础数据。土地利用数据主要来源于国家地球系统科学数据中心（http://www.geodata.cn）和欧洲航天局全球陆地覆盖数据（ESA GlobCover）。食物生产数据主要来源于联合国粮食及农业组织（FAO）及孟加拉国相应年份统计年鉴。食物消费数据主要来源于联合国粮食及农业组织（FAO）。食物营养素含量参数来源于联合国粮食及农业组织（FAO）和孟加拉国食物成分表。

9.3　水资源承载力与承载状态评价

第 21 条 水资源承载力主要反映区域人口与水资源的关系，主要通过人均综合用水量下，区域（流域）水资源所能持续供养的人口规模或承载密度（人/km²）来表达。计算公式为

$$WCC = W\ /\ Wpc \tag{9-18}$$

式中，WCC 为水资源承载力，人或人/km²；W 为水资源可利用量，m³；Wpc 为人均综合用水量，m³/人。

第 22 条　水资源承载指数是指区域人口规模（或人口密度）与水资源承载力（或承载密度）之比，反映区域水资源与人口之关系。计算公式为

$$\text{WCCI} = \text{Pa} / \text{WCC} \tag{9-19}$$

$$\text{Rp} = (\text{Pa} - \text{WCC}) / \text{WCC} \times 100\% = (\text{WCCI} - 1) \times 100\% \tag{9-20}$$

$$\text{Rw} = (\text{WCC} - \text{Pa}) / \text{WCC} \times 100\% = (1 - \text{WCCI}) \times 100\% \tag{9-21}$$

式中，WCCI 为水资源承载指数；WCC 为水资源承载力；Pa 为现实人口数量，人；Rp 为水资源超载率；Rw 为水资源盈余率。

第 23 条　水资源承载力分级标准。根据水资源承载指数的大小将水资源承载力划分为水资源盈余、人水平衡和水资源超载 3 个类型 6 个级别（表 9-7）。

表 9-7　基于水资源承载指数的水资源承载力评价的标准

水资源承载力		指标	
类型	级别	WCCI	Rw/Rp
水资源盈余	富富有余	<0.6	Rw≥40%
	盈余	0.6~0.8	20%≤Rw<40%
人水平衡	平衡有余	0.8~1.0	0%≤Rw<20%
	临界超载	1.0~1.5	0%≤Rp<50%
水资源超载	超载	1.5~2.0	50%≤Rp<100%
	严重超载	>2.0	Rp≥100%

9.4　生态承载力与承载状态评价

第 24 条　生态承载力是指在不损害生态系统生产能力与功能完整性的前提下，生态系统可持续承载具有一定社会经济发展水平的最大人口规模。

第 25 条　生态承载指数是区域人口数量与生态承载力的比值，它是评价生态承载状态的基本依据。

第 26 条　生态承载状态反映区域常住人口与可承载人口之间的关系。本书中将生态承载状态依据生态承载指数大小分为 3 类 6 个等级：富余（富富有余、盈余）；临界（平衡有余、临界超载）；超载（超载、严重超载）。

第 27 条　生态供给是生态系统供给服务的简称。生态供给服务是生态系统服务最重要的组成部分，也是生态系统调节服务、支持服务和文化服务等其他功能和服务的基础。本书采用陆地生态系统净初级生产力（net primary productivity，NPP）作为衡量生

态供给的定量化指标。

第 28 条 生态消耗是生态系统供给消耗的简称。生态系统供给消耗是指人类生产、生活对生态系统供给服务的消耗、利用和占用。本书中主要是指农林牧生产活动与城镇、乡村居民生活和家畜养殖对生态资源的消耗。

第 29 条 生态供给量是基于生态系统 NPP 空间栅格数据进行空间统计加总得到，可衡量一个国家和地区生态系统的总供给能力。计算公式为

$$\text{SNPP} = \sum_{j=1}^{m} \sum_{i=1}^{n} \frac{(\text{NPP} \times \gamma)}{n} \qquad (9\text{-}22)$$

式中，SNPP 为可利用生态供给量；NPP 为生态系统净初级生产力；γ 为栅格像元分辨率；n 为数据的年份跨度；m 为区域栅格像元数量。

第 30 条 生态消耗量包括种植业生态消耗量与畜牧业生态消耗量两个部分，用于衡量人类活动对生态系统生态资源的消耗强度。计算公式为

$$\text{CNPP}_{\text{pa}} = \frac{\text{YIE} \times \gamma \times (1 - \text{Mc}) \times \text{Fc}}{\text{HI} \times (1 - \text{WAS})}$$

$$\text{CNPP}_{\text{ps}} = \frac{\text{LIV} \times \varepsilon \times \text{GW} \times \text{GD} \times (1 - \text{Mc}) \times \text{Fc}}{\text{HI} \times (1 - \text{WAS})} \qquad (9\text{-}23)$$

$$\text{CNPP} = \text{CNPP}_{\text{pa}} + \text{CNPP}_{\text{ps}}$$

式中，CNPP 为生态消耗量；CNPP_{pa} 为农业生产消耗量；CNPP_{ps} 为畜牧业生产消耗量；YIE 为农作物产量；γ 为折粮系数；Mc 为农作物含水量；HI 为农作物收获指数；WAS 为浪费率；Fc 为生物量与碳含量转换系数；LIV 为牲畜存栏出栏量；ε 为标准羊转换系数；GW 为标准羊日食干草重量；GD 为食草天数。

第 31 条 人均生态消耗标准表示当前社会经济发展水平下，区域人均消耗生态资源的量。计算公式为

$$\text{CNPP}_{\text{st}} = \frac{\text{CNPP}}{\text{POP}} \qquad (9\text{-}24)$$

式中，CNPP_{st} 为人均生态消耗标准；CNPP 为生态消耗量；POP 为人口数量。

第 32 条 生态承载力表示当前人均生态消耗水平下，生态系统可持续承载的最大人口规模。计算公式为

$$\text{EEC} = \frac{\text{SNPP}}{\text{CNPP}_{\text{st}}} \qquad (9\text{-}25)$$

式中，EEC 为生态承载力；SNPP 为生态供给量；CNPP_{st} 为人均生态消耗标准。

第 33 条 生态承载指数用区域人口数量与生态承载力比值表示，作为评价生态承载状态的依据。

$$\text{EEI} = \frac{\text{POP}}{\text{EEC}} \qquad (9\text{-}26)$$

式中，EEI 为生态承载指数；EEC 为生态承载力；POP 为人口数量。

第 34 条　根据生态承载状态分级标准以及生态承载指数，确定评价区域生态承载力所处的状态，生态承载状态分级标准见表 9-8。

表 9-8　生态承载状态分级的标准

生态承载指数	<0.6	0.6~0.8	0.8~1.0	1.0~1.2	1.2~1.4	>1.4
生态承载状态	富富有余	盈余	平衡有余	临界超载	超载	严重超载

第 35 条　基础数据包括生态系统净初级生产力数据、土地利用变化数据、人口数据、农作物产量数据、牲畜存栏量数据、牲畜出栏量数据、畜牧产品产量数据等。

9.5　资源环境承载综合评价

资源环境承载综合评价是识别影响承载力关键因素的基础，旨在为各地区掌握其承载力现状从而提高当地承载力水平提供重要依据。本书基于人居环境指数、资源承载指数和社会经济发展指数，提出了基于三维空间四面体的资源环境承载状态综合评价方法。

第 36 条　资源环境承载综合指数结合了三项综合指数，旨在更全面地衡量区域资源环境的承载状态，其具体公式如下：

$$RECI = HEI_m \times RCCI \times SDI_m \tag{9-27}$$

式中，RECI 为资源环境承载指数；HEI_m 为均值归一化人居环境指数；RCCI 为资源承载指数；SDI_m 为均值归一化社会经济发展指数。

第 37 条　均值归一化人居环境综合指数是地形起伏度、地被指数、水文指数和温湿指数的综合，计算公式如下：

$$HEI_m = HEI_{one} - k + 1 \tag{9-28}$$

$$HEI_v = \frac{(THI \times LSWAI + THI \times LCI + LSWAI \times LCI) \times RDLS}{3} \tag{9-29}$$

式中，HEI_m 为进行均值归一化处理之后的人居环境指数；HEI_{one} 为 HEI_v 按式（9-28）进行归一化之后的人居环境指数；k 为基于条件选择的人居环境适宜性分级评价结果中一般适宜地区 HEI_{one} 的均值；THI、LSWAI、LCI、RDLS 分别为归一化后的温湿指数、水文指数、地被指数和地形起伏度，其中，地形起伏度按式（9-29）进行归一化，其他指数按式（9-28）进行归一化。

第 38 条　资源承载指数是土地资源承载指数、水资源承载指数和生态承载指数的综合，用来反映区域各类资源的综合承载状态。为了消除指数融合时区域某类资源承载状态过分盈余而对该区域其他类型资源承载状态的信息覆盖，本章利用了双曲正切函数（tanh）对各承载指数的倒数进行了规范化处理，并保留了承载指数为 1 时的实际物理意义（平衡状态）。此外，本章以国际主流的城市化进程三阶段为依据，在不同城市化进程阶段的区域，结合实际情况对三项承载指数赋予了不同权重（表 9-9）。其具体计算方法如下：

$$\text{RCCI} = W_\text{L} \times \text{LCCI}_t + W_\text{W} \times \text{WCCI}_t + W_\text{E} \times \text{ECCI}_t$$

$$\text{LCCI}_t = \tanh\left(\frac{1}{\text{LCCI}}\right) - \tanh(1) + 1$$

$$\text{WCCI}_t = \tanh\left(\frac{1}{\text{WCCI}}\right) - \tanh(1) + 1$$

$$\text{ECCI}_t = \tanh\left(\frac{1}{\text{ECCI}}\right) - \tanh(1) + 1$$

式中，RCCI 为资源承载指数；LCCI、WCCI、ECCI 分别为土地资源承载指数、水资源承载指数和生态承载指数；LCCI_t、WCCI_t、ECCI_t 分别为土地资源承载力、水资源承载力、生态承载力，单位均为人；W_L、W_W、W_E 分别代表不同城市化阶段土地、水和生态承载力权重。

表 9-9　成对比较矩阵

城市化进程阶段	城镇人口占比/%	W_L	W_W	W_E
初期阶段	0～30	0.5	0.3	0.2
加速阶段	30～70	1/3	1/3	1/3
后期阶段	70～100	0.2	0.5	0.3

第 39 条　均值归一化社会经济发展指数是社会经济发展指数的均值归一化处理之后的指数，旨在保留数值为 1 时的物理意义（平衡状态），具体计算公式如下：

$$\text{SDI}_\text{m} = \text{SDI}_\text{one} - k + 1$$

式中，SDI_m 为均值归一化社会经济发展指数；SDI_one 为归一化后的社会经济发展指数；k 为孟加拉国全区 SDI_one 的均值。